Marion David

Bêtalactamases à spectre étendu émergentes chez Pseudomonas aeruginosa

AF062766

Marion David

Bêtalactamases à spectre étendu émergentes chez Pseudomonas aeruginosa

À propos de 24 cas au CHU de Rouen

Presses Académiques Francophones

Impressum / Mentions légales
Bibliografische Information der Deutschen Nationalbibliothek: Die Deutsche Nationalbibliothek verzeichnet diese Publikation in der Deutschen Nationalbibliografie; detaillierte bibliografische Daten sind im Internet über http://dnb.d-nb.de abrufbar.
Alle in diesem Buch genannten Marken und Produktnamen unterliegen warenzeichen-, marken- oder patentrechtlichem Schutz bzw. sind Warenzeichen oder eingetragene Warenzeichen der jeweiligen Inhaber. Die Wiedergabe von Marken, Produktnamen, Gebrauchsnamen, Handelsnamen, Warenbezeichnungen u.s.w. in diesem Werk berechtigt auch ohne besondere Kennzeichnung nicht zu der Annahme, dass solche Namen im Sinne der Warenzeichen- und Markenschutzgesetzgebung als frei zu betrachten wären und daher von jedermann benutzt werden dürften.

Information bibliographique publiée par la Deutsche Nationalbibliothek: La Deutsche Nationalbibliothek inscrit cette publication à la Deutsche Nationalbibliografie; des données bibliographiques détaillées sont disponibles sur internet à l'adresse http://dnb.d-nb.de.
Toutes marques et noms de produits mentionnés dans ce livre demeurent sous la protection des marques, des marques déposées et des brevets, et sont des marques ou des marques déposées de leurs détenteurs respectifs. L'utilisation des marques, noms de produits, noms communs, noms commerciaux, descriptions de produits, etc, même sans qu'ils soient mentionnés de façon particulière dans ce livre ne signifie en aucune façon que ces noms peuvent être utilisés sans restriction à l'égard de la législation pour la protection des marques et des marques déposées et pourraient donc être utilisés par quiconque.

Coverbild / Photo de couverture: www.ingimage.com

Verlag / Editeur:
Presses Académiques Francophones
ist ein Imprint der / est une marque déposée de
OmniScriptum GmbH & Co. KG
Heinrich-Böcking-Str. 6-8, 66121 Saarbrücken, Deutschland / Allemagne
Email: info@presses-academiques.com

Herstellung: siehe letzte Seite /
Impression: voir la dernière page
ISBN: 978-3-8416-2981-4

Zugl. / Agréé par: Rouen, Faculté de Pharmacie, 2008

Copyright / Droit d'auteur © 2014 OmniScriptum GmbH & Co. KG
Alle Rechte vorbehalten. / Tous droits réservés. Saarbrücken 2014

A mes parents,
Pour votre soutien tout au long de ces années d'études,
Pour avoir toujours été à mes côtés,
Merci.

    A mon frère,

        A ma famille,

            A mes amis,
            Pour votre chaleur et votre fidélité.

              A mes collègues internes,
              Pour votre présence constante et votre aide.

A ma grand-mère.

SOMMAIRE

INTRODUCTION 4
I.   *PSEUDOMONAS AERUGINOSA* : IMPORTANCE CLINIQUE 4
    A.   INFECTIONS PULMONAIRES 5
    B.   BACTERIEMIES 5
    C.   INFECTIONS URINAIRES 5
    D.   AUTRES TYPES D'INFECTIONS 6
II. CARACTERES CULTURAUX ET DIAGNOSTIC MICROBIOLOGIQUE 6
III. *P. AERUGINOSA* ET ANTIBIOTIQUES 7
    A.   RESISTANCE NATURELLE DE *P. AERUGINOSA* AUX β-LACTAMINES 8
        1.   Céphalosporinase AmpC de *P. aeruginosa* 8
        2.   Imperméabilité de la membrane externe 8
        3.   Systèmes d'efflux actif à bas niveau 9
        4.   Oxacillinase OXA-50 de *P. aeruginosa* 9
    B.   RESISTANCES ACQUISES DE *P. AERUGINOSA* AUX β-LACTAMINES 10
        1.   Perte de la porine D2 10
        2.   Hyperexpression de l'efflux actif 10
        3.   Modification de l'affinité des PLP 11
        4.   Hyperexpression de la céphalosporinase chromosomique inductible 11
        5.   Acquisition de β-lactamases 12
    C.   RESISTANCES DE *P. AERUGINOSA* AUX AMINOSIDES 17
        1.   Modification d'affinité de la cible de l'antibiotique 17
        2.   Diminution de la perméabilité membranaire 18
        3.   Augmentation de l'efflux actif 18
        4.   Hydrolyse enzymatique 18
    D.   RESISTANCES DE *P. AERUGINOSA* AUX FLUOROQUINOLONES 18
        1.   Modification d'affinité de la cible de l'antibiotique 19
        2.   Diminution de la perméabilité membranaire 19
        3.   Augmentation de l'efflux actif 19

BUT DE L'ETUDE 20
MATERIEL ET METHODES 21
I.   SOUCHES ETUDIEES 21
II. ETUDE DE LA SENSIBILITE DES SOUCHES AUX β-LACTAMINES 22
    A.   METHODE DE DIFFUSION EN MILIEU GELOSE 22
    B.   CONCENTRATIONS MINIMALES INHIBITRICES (CMI) 22
    C.   TEST DES DISQUES BLSE 22
III. ETUDE MOLECULAIRE DES SOUCHES 23
    A.   EXTRACTION DE L'ADN 23
    B.   REACTION D'AMPLIFICATION PAR POLYMERISATION EN CHAINE (PCR) 23
        1.   Techniques d'amplification aléatoire du polymorphisme de l'ADN 23
        2.   Détection des gènes de différentes BLSE 24
        3.   Recherche d'intégrons 24
    C.   ANALYSE DES PRODUITS D'AMPLIFICATION 24
    D.   IDENTIFICATION DES GENES DE BLSE 28

IV.	RECHERCHE DE PLASMIDE ET EXPERIENCES DE CONJUGAISON	28
A.	EXTRACTION D'ADN PLASMIDIQUE	28
1.	Extraction par le kit Qiagen® Plasmid Midi (Qiagen, Courtabeuf, France)	28
2.	Extraction par lyse alcaline, dérivée de la technique de Birnboim et Doly (11)	28
B.	EXPERIENCES DE TRANSFERT DE PLASMIDES PAR CONJUGAISON	29

RESULTATS ... 31

I. PHENOTYPES DE RESISTANCE DES SOUCHES ET SENSIBILITE AUX ANTIBIOTIQUES . 31

II. ANALYSE GENETIQUE DES ISOLATS DE *P. AERUGINOSA* ... 33

A.	RECHERCHE D'UN GENE DE RESISTANCE ACQUISE AUX β-LACTAMINES	33
B.	ANALYSE ET COMPARAISON DES PROFILS GENETIQUES	44
C.	RECHERCHE DU SUPPORT GENETIQUE DE LA RESISTANCE	46
1.	Support plasmidique	46
2.	Support de type intégron	48

III. ANALYSE EPIDEMIOLOGIQUE DES ISOLATS DE *P.AERUGINOSA* ... 50

A.	PATIENTS PORTEURS DES SOUCHES DE *P. AERUGINOSA* DU GROUPE A	55
B.	PATIENTS PORTEURS DES SOUCHES DE *P. AERUGINOSA* DU GROUPE B	60
C.	PATIENTS PORTEURS DES SOUCHES DE *P. AERUGINOSA* DU GROUPE C	63
D.	PATIENTS PORTEURS DES SOUCHES DE *P. AERUGINOSA* MULTIRESISTANTES N'APPARTENANT PAS AUX GROUPES A, B ET C	66

DISCUSSION ... 72

CONCLUSION ... 84

BIBLIOGRAPHIE ... 85

INTRODUCTION

I. *Pseudomonas aeruginosa* : importance clinique

Pseudomonas aeruginosa ou bacille pyocyanique est un bacille à Gram négatif, ubiquitaire, saprophyte de l'eau, du sol humide et des végétaux. En milieu hospitalier, ce germe trouve des conditions favorables à son développement : il est ainsi très fréquemment retrouvé dans l'environnement humide du malade (robinets, éviers, linge de toilette,...) (8, 29) et dans certains produits de lavage ou antiseptiques auxquels il résiste (ammoniums quaternaires, cétrimide, chlorhexidine).

D'un point de vue clinique, *P. aeruginosa* infecte rarement les tissus sains, mais en cas d'immunodéficience, peut infecter tous les tissus : il se comporte donc comme un agent pathogène essentiellement opportuniste, responsable d'infections nosocomiales et d'infections chez les patients immunodéprimés ou affaiblis (mucoviscidose, brûlures étendues, soins intensifs,...) (56). Ainsi, *P. aeruginosa* est le troisième germe responsable d'infections nosocomiales, après *Escherichia coli* et *Staphylococcus aureus* (RAISIN : Enquête de prévalence nationale 2001; www.invs.santé.fr).

Il existe trois types de facteurs favorisant les infections à *P. aeruginosa* (42) :
- la virulence du germe, liée à une grande variété de facteurs de virulence, permettant d'une part la colonisation (pili, exoenzyme S), la multiplication et la survie du germe (sidérophores, biofilm), et d'autre part provoquant des lésions tissulaires chez l'hôte (enzymes protéolytiques, toxines).
- les facteurs individuels ("terrain") de l'hôte, notamment les maladies provoquant une immunodépression (cancers, diabète insulino-dépendant, SIDA, éthylisme,...), les brûlures étendues et profondes, ou encore la mucoviscidose.
- les facteurs iatrogènes : gestes thérapeutiques invasifs (intervention chirurgicale, sondage urinaire, endoscopie, cathétérisme,...) ou médicaments, notamment immunosuppresseurs (corticothérapie, chimiothérapies anti-néoplasiques, traitements anti-rejet lors d'une greffe d'organe) et antibiothérapie sélective permettant l'émergence d'une souche endogène.

La transmission du germe se fait à partir d'une source humide contaminée ou de patient à patient par manuportage (18). Après une étape de colonisation et de portage chronique, le patient peut déclarer une infection localisée, pouvant parfois entraîner une dissémination sanguine.

Les infections causées par *P. aeruginosa* chez l'homme sont variées dans leurs localisations, fréquemment sévères et d'autant plus redoutables que *P. aeruginosa* est naturellement résistant à certains antiseptiques et à de nombreux antibiotiques.

A. Infections pulmonaires

P. aeruginosa est particulièrement adapté à l'appareil respiratoire, responsable de colonisation ou d'infection pulmonaires, qu'il est parfois difficile de distinguer, d'autant plus que les prélèvements ont volontiers un caractère polymicrobien.

Les pneumopathies à *P. aeruginosa* sont favorisées par la présence de matériel invasif (10), par l'existence d'une pathologie pulmonaire chronique, d'une immunodépression ou d'une hospitalisation en unité de soins intensifs (55). Chez les patients ventilés mécaniquement, *P. aeruginosa* représente ainsi la principale cause de pneumopathie nosocomiale (17).

Le pronostic ce ces pathologies est sombre : en effet, *P. aeruginosa* est responsable du plus haut taux de mortalité des pneumopathies nosocomiales (45 à 70%) (79).

B. Bactériémies

Elles surviennent essentiellement chez des patients immunodéficients, en particulier des patients neutropéniques traités par chimiothérapie, avec un taux de mortalité de 30 à 50% (54). Leur porte d'entrée, lorsqu'elle est retrouvée, correspond le plus souvent à un cathéter intra-veineux, une chambre implantable ou une infection pulmonaire.

C. Infections urinaires

Les circonstances d'isolement de *P. aeruginosa* à partir de l'appareil urinaire peuvent correspondre à une colonisation ou une infection urinaire vraie, qu'il n'est pas toujours facile de distinguer cliniquement.

Les bactériuries à *P. aeruginosa* sont acquises à l'hôpital, très fréquemment secondaires à une manœuvre invasive locale (cathétérisation ou sondage) ou à une opération de chirurgie urologique (35).

D. Autres types d'infections

P. aeruginosa est également fréquemment responsable d'infections ORL (otites malignes), cutanées (surinfections de brûlures ou de plaies) et plus rarement oculaires (secondaires à un traumatisme), ostéo-articulaires (sur prothèses ou post-chirurgie), méningées (secondaires à un traumatisme ou à une chirurgie neurologique), digestives ou cardiaques (endocardites chez des toxicomanes) (55).

II. Caractères culturaux et diagnostic microbiologique

P. aeruginosa est un bacille à Gram négatif aérobie strict, à mobilité polaire grâce à un flagelle, ne fermentant pas le glucose et non exigeant sur le plan nutritif : il est donc facilement cultivable sur les milieux usuels en aérobiose à 37°C.

In vivo, ce germe se développe parfois en biofilm, c'est-à-dire en communauté bactérienne adhérant à une surface (muqueuse, matériel étranger,...) et sécrétant une matrice extracellulaire adhésive et protectrice, composée de substances polymères (19). Cette matrice joue principalement un rôle protecteur vis-à-vis de certains agents antiseptiques et antibiotiques. Elle résulte le plus souvent d'une hyperproduction d'alginate (D-acide mannuronique β-(1-4)-L-acide glucuronique), mais il a été montré que certaines souches produisant peu d'alginate sont capables de former des biofilms in vitro (62).

Sur le plan biochimique, *P. aeruginosa* est une bactérie à réaction oxydase positive (caractère de genre) et cultivant à 41°C (caractère d'espèce), mais pas à 4°C.
Deux caractéristiques organoleptiques sont remarquables :
- la production de pigments lui conférant une couleur verte caractéristique : il s'agit de la pyoverdine, pigment jaune-vert fluorescent et de la pyocyanine, pigment bleu. Il est à noter que 10% des souches ne produisent pas de pyocyanine et que certaines souches peuvent produire un pigment brun (pyomélanine) ou rouge (pyorubrine).
- le dégagement d'une odeur de seringa due à la production d'ortho-amino-acétophénone, intermédiaire du métabolisme du tryptophane et non liée à la production de pigment.

La caractérisation de *P. aeruginosa* est en général aisée, grâce à l'utilisation de galeries d'identification ou de systèmes automatisés.

Enfin, il existe chez *P. aeruginosa* un antigène somatique O thermostable dont on connaît actuellement 20 variants. Les sérotypes les plus courants en bactériologie humaine sont O1, O3, O6, O11. Certaines souches, surtout lorsqu'elles sont muqueuses, ne sont pas sérotypables. Notons que le sérotype O12 est souvent multirésistant aux antibiotiques.

III.   *P. aeruginosa* et antibiotiques

P. aeruginosa est une espèce naturellement résistante à de nombreux antibiotiques : ainsi les aminopénicillines, les céphalosporines de première et deuxième génération, les macrolides, les glycopeptides, le cotrimoxazole, le chloramphénicol, l'acide nalidixique et l'acide fusidique sont inactifs pour traiter les infections causées par ce germe.
Parmi les antibiotiques actifs, il faut retenir essentiellement les trois classes suivantes : β-lactamines, aminosides et fluoroquinolones. D'autres antibiotiques sont parfois utilisés, mais leur toxicité intrinsèque les limite à une utilisation comme recours en cas de résistance du germe à ces trois classes d'antibiotiques. Il s'agit principalement de la fosfomycine et de la colistine. Cette dernière molécule peut être administrée en aérosol, notamment en cas d'infection pulmonaire à *P. aeruginosa*.

Ce germe peut acquérir de multiples mécanismes de résistance aux antibiotiques, pouvant s'additionner au sein de la même souche. Dans le cas d'infections sévères à *P. aeruginosa*, une bithérapie est recommandée afin d'éviter l'acquisition rapide de résistance; elle associe le plus souvent :
- soit une β-lactamine et un aminoside,
- soit une β-lactamine et une fluoroquinolone.

Toutefois, il convient de choisir avec soin la β-lactamine utilisée puisque *P. aeruginosa* est résistant de façon naturelle à certains antibiotiques de cette famille. De plus, les aminosides, tout comme les fluoroquinolones, ne possèdent pas tous une efficacité semblable vis-à-vis de *P. aeruginosa*.
Nous nous concentrerons principalement sur les mécanismes de résistance naturels et acquis de *P. aeruginosa* vis-à-vis des β-lactamines, avant d'envisager plus succinctement ces mécanismes vis-à-vis des aminosides puis des fluoroquinolones.

A. Résistance naturelle de *P. aeruginosa* aux β-lactamines

Les mécanismes participant à la résistance naturelle ou intrinsèque de *P. aeruginosa* sont les suivants :

- production d'une β-lactamase chromosomique de classe C ou céphalosporinase AmpC, spécifique de cette espèce bactérienne,
- imperméabilité relative de la membrane externe du germe,
- présence de systèmes d'efflux actif à bas niveau,
- production d'une β-lactamase chromosomique de classe D ou oxacillinase (OXA-50), également spécifique de cette espèce bactérienne.

1. Céphalosporinase AmpC de *P. aeruginosa*

P. aeruginosa, comme les entérobactéries du troisième groupe que sont par exemple *Enterobacter cloacae*, *Citrobacter freundii* ou *Serratia marcescens*, possède au niveau chromosomique un gène *ampC* (51) codant pour une β-lactamase de la classe C de Ambler (1), appelée "céphalosporinase" du fait de son spectre d'activité. En effet, cette enzyme hydrolyse les céphalosporines de première et de deuxième génération ainsi que les céphamycines et les aminopénicillines. Cette enzyme se caractérise également par son insensibilité à l'effet des inhibiteurs de β-lactamases, tels que l'acide clavulanique, le sulbactam ou le tazobactam (14, 22) mais est inhibée par la cloxacilline qui est utilisée pour la détecter *in vitro*.

D'un point de vue moléculaire, l'expression du gène *ampC* est inductible et régulée par au moins 4 gènes : *ampR*, localisé au voisinage immédiat de *ampC* mais transcrit dans le sens opposé, *ampG*, *ampD* et *ampE*. Parmi ces gènes, *ampR* code pour un activateur transcriptionnel du gène *ampC*, et par là joue un rôle majeur dans la régulation de l'expression du gène de la céphalosporinase. En l'absence d'inducteur, *ampR* est réprimé et la céphalosporinase chromosomique de *P. aeruginosa* ne s'exprime qu'à bas niveau.

2. Imperméabilité de la membrane externe

Comme toutes les bactéries à Gram négatif et contrairement aux germes à Gram positif, *P. aeruginosa* possède une membrane externe constituée d'une bicouche phospholipidique hydrophobe. Cette paroi possède un nombre restreint de protéines formant des canaux hydrophiles transmembranaires appelés porines, qui permettent le passage sélectif de petites substances hydrophiles à l'intérieur du germe, notamment les β-lactamines et plus particulièrement la pipéracilline, la ceftazidime, l'imipénème et l'aztréonam.

Plusieurs porines ont été décrites chez *P. aeruginosa* : C, D1, D2, E, F, G, H et I. Parmi ces porines, notons que la porine D2, encore appelée OprD, est la voie de passage préférentielle de l'imipénème, par analogie de structure entre les acides aminés basiques de la porine et la chaîne latérale de l'imipénème (88).

3. Systèmes d'efflux actif à bas niveau

En plus des porines insérées dans la bicouche phospholipidique membranaire, existent également au sein de la paroi de *P. aeruginosa* des systèmes d'efflux actif permettant au germe d'expulser certains antibiotiques, notamment la tétracycline, le chloramphénicol et la norfloxacine mais aussi certaines β-lactamines (46).

On distingue chez *P. aeruginosa* 4 systèmes d'efflux (47, 76) :

- MexAB-OprM
- MexCD-OprJ
- MexEF-OprN
- MexXY-OprM.

Chacun de ces systèmes est sous le contrôle de gènes régulateurs (77) et construit de façon identique par association protéique tripartite comprenant :

- une pompe à protons insérée dans la membrane cytoplasmique, permettant le transport de molécules amphiphiles (MexB, MexD, MexF, MexY),
- une protéine formant un pore dans la membrane externe (OprM, OprJ, OprN),
- une protéine périplasmique reliant entre eux les deux autres composants du système (MexA, MexC, MexE, MexX).

4. Oxacillinase OXA-50 de *P. aeruginosa*

Une oxacillinase naturelle de type carbapénémase a été découverte récemment chez *P. aeruginosa* : OXA-50 (31). Après extraction et purification, l'étude de son spectre d'hydrolyse montre une activité hydrolytique faible vis-à-vis de la benzylpénicilline, de l'ampicilline, de la pipéracilline, de la céfalotine ou de l'imipénème si bien que la résistance induite par cette enzyme n'est pas détectable *in vitro*. Par ailleurs, comme la plupart des oxacillinases, OXA-50 n'est que faiblement sensible aux inhibiteurs de β-lactamases (acide clavulanique, tazobactam et sulbactam). Il n'a pour l'instant jamais été décrit de résistance acquise par hyperproduction de cette enzyme.

B. Résistances acquises de *P. aeruginosa* aux β-lactamines

P. aeruginosa est donc un germe naturellement résistant à de nombreux antibiotiques. Cette bactérie a en outre la particularité de pouvoir acquérir des résistances à d'autres antibiotiques par de nombreux mécanismes d'adaptation, enzymatiques ou non. Ceci explique que les infections causées par ce germe posent souvent des problèmes thérapeutiques. Nous allons développer ici les mécanismes acquis de résistance aux β-lactamines.

1. Perte de la porine D2

La membrane externe de *P. aeruginosa* possède des canaux transmembranaires appelés porines. Parmi ces porines, la porine D2 est la voie de pénétration de l'imipénème à l'intérieur du germe. L'expression de cette porine peut se trouver diminuée, généralement suite à une antibiothérapie incluant l'imipénème ayant causé la sélection de mutants imperméables à cet antibiotique (78). Le phénotype conféré est celui d'une résistance isolée à l'imipénème et dès lors, l'imipénème n'est plus un recours thérapeutique efficace.

Néanmoins, il faut cependant souligner que le méropénème, bien qu'appartenant comme l'imipénème à la famille des carbapénèmes, ne possède pas de voie de passage préférentielle à travers la membrane externe de *P. aeruginosa*. Par conséquent, la résistance par imperméabilité de *P. aeruginosa* à l'imipénème et au méropénème n'est pas toujours croisée (84). Le méropénème peut alors constituer une alternative thérapeutique pour traiter une souche de *P. aeruginosa*, lorsque celle-ci est résistante à l'imipénème. Il conviendra de tester *in vitro* la sensibilité du germe à cet antibiotique.

Enfin, un autre carbapénème est maintenant disponible en France : l'ertapénème. Cet antibiotique est inefficace contre *P. aeruginosa*, probablement du fait d'une pénétration limitée et d'un efflux actif et son utilisation est à proscrire dans le traitement des infections causées par ce germe.

2. Hyperexpression de l'efflux actif

Une antibiothérapie peut conduire à la sélection de mutants de *P. aeruginosa* caractérisés par une hyperexpression de leurs pompes d'efflux liée à des mutations dans les gènes régulateurs de ces pompes. Ceci entraîne une augmentation du rejet hors de la bactérie de certains antibiotiques, parmi lesquels certaines β-lactamines sont plus touchées, comme la ticarcilline, l'association ticarcilline-acide clavulanique, l'aztréonam, le céfépime et le cefpirome. L'hyperexpression de MexAB-OprM affecte la sensibilité à la ticarcilline et l'aztréonam, MexCD-OprJ celle du céfépime et du cefpirome, MexEF-OprN celle de l'imipénème, MexXY-OprM celle du céfépime (20, 37). Ce type de mécanisme de résistance peut être à l'origine d'échecs thérapeutiques en cas de dose inappropriée ou de site difficilement accessible.

3. Modification de l'affinité des PLP

Les β-lactamines sont des antibiotiques bactéricides par inhibition de la synthèse du peptidoglycane. Leur mode d'action consiste en l'inhibition d'enzymes intervenant dans la synthèse de ce composé bactérien, enzymes à activité transpeptidase et carboxypeptidase, encore appelées protéines liant la pénicilline ou PLP. Par conséquent, une mutation chromosomique ponctuelle dans les gènes codant pour les PLP à l'origine de leur modification qualitative ou quantitative peut entraîner une résistance aux β-lactamines par diminution de l'affinité pour la cible bactérienne. Ce phénomène, rare chez *P. aeruginosa*, conduit à une résistance variable en fonction des molécules qui ont une affinité sélective pour les différentes PLP : l'imipénème sur PLP2, les autres β-lactamines sur PLP3 (32, 33).

4. Hyperexpression de la céphalosporinase chromosomique inductible

P. aeruginosa possède une céphalosporinase chromosomique inductible appelée AmpC, dont l'expression est régulée de façon complexe, sous le contrôle de plusieurs autres gènes, notamment *ampD* et *ampR*.
Sous l'influence d'un traitement antibiotique antérieur à base de céphalosporine, il peut y avoir sélection de mutants de *P. aeruginosa* hyperproducteurs de leur céphalosporinase de façon stable, entraînant une résistance de haut niveau vis-à-vis de toutes les β-lactamines, à l'exception de l'imipénème et du méropénème. Les céphalosporines parfois dites de "quatrième" génération que sont le céfépime et le cefpirome, plus stables *in vitro* vis-à-vis de l'hydrolyse par les céphalosporinases que la ceftazidime sont en fait rarement efficaces *in vivo* dans le traitement de ces souches hyperproductrices (49, 82).
Dans l'étude multicentrique française en 2004, ce mécanisme de résistance a été identifié dans 17% des souches et dans 44% des souches résistantes à la ticarcilline (16).

Au niveau moléculaire, le mécanisme de l'hyperproduction de céphalosporinase met en jeu les gènes de régulation de l'expression de AmpC. L'évènement primaire consiste en une ou plusieurs mutations ponctuelles au niveau du gène *ampD*, entraînant l'absence de synthèse ou une synthèse déficiente de la protéine AmpD (43, 48). Par conséquent, le substrat habituel de la protéine AmpD s'accumule à l'intérieur de la bactérie; il peut dès lors se fixer sur le gène *ampR*, ce qui provoque la levée d'inhibition de *ampR*. Ainsi se trouve augmentée la synthèse d'un activateur transcriptionnel de AmpC, ce qui a pour effet d'augmenter de façon stable l'expression de cette céphalosporinase.

5. Acquisition de β-lactamases

L'acquisition de structures génétiques comportant un ou plusieurs gènes de résistance enzymatique aux antibiotiques est un mécanisme majeur de résistance bactérienne aux antibiotiques. C'est le cas chez *P. aeruginosa* où des gènes de β-lactamases sont fréquemment portés sur des plasmides et/ou des intégrons, ce qui explique que la résistance aux β-lactamines soit souvent couplée à des résistances vis-à-vis d'autres familles antibiotiques, comme les aminosides.

Nous allons étudier les β-lactamases acquises chez *P. aeruginosa* en se référant à la classification de Ambler (1), basée à la fois sur des critères biochimiques (comme la séquence protidique) et des critères de spectre d'hydrolyse des molécules antibiotiques.

a. *β-lactamases de classe A à spectre étroit*

P. aeruginosa peut acquérir des β-lactamases plasmidiques de la classe A de Ambler ou pénicillinases "au sens strict" du terme, c'est-à-dire hydrolysant les carboxy-, uréido-pénicillines et les céphalosporines de première génération, et sensibles aux inhibiteurs de β-lactamases que sont l'acide clavulanique et le tazobactam.

Selon la dernière étude multicentrique menée en France en 2004 étudiant la sensibilité aux antibiotiques de 450 souches de *P. aeruginosa* (16), 5% des souches possèdent une β-lactamase de classe A à spectre étroit, dont la plus fréquente (73% des cas) est la carbénicillinase de type 1, appelée PSE-1 ou CARB-2. Les pénicillinases de type TEM-1 et 2 ou SHV-1, fréquemment impliquées dans la résistance aux pénicillines chez les entérobactéries, sont minoritaires chez *P. aeruginosa*.

b. *β-lactamases de classe D à spectre étroit*

Les β-lactamases de classe D à spectre étroit ou oxacillinases représentent un mécanisme de résistance acquise peu fréquent chez *P. aeruginosa* en France. Leur spectre d'hydrolyse inclue les carboxy- et uréido-pénicillines et les céphalosporines de première génération mais aussi les isoxazolyl-pénicillines comme l'oxacilline ou la cloxacilline d'où leur nom. En outre, à la différence des β-lactamases de classe A à spectre étroit, les oxacillinases sont inconstamment sensibles, voire insensibles aux inhibiteurs de β-lactamases.

En 2004 en France, ce mécanisme de résistance a été retrouvé chez seulement une souche sur les 450 souches étudiées (16). Toutefois, de nombreuses oxacillinases ont été décrites chez *P. aeruginosa*. Ce mécanisme de résistance acquise est devenu dans certains pays, plus particulièrement en Asie, plus fréquent que l'acquisition de β-lactamases de classe A (44).

Ces enzymes ont une faible homologie de séquence (16%) avec les β-lactamases de classe A à spectre étroit (83). Cependant, elles possèdent un site actif sérine, comme les β-lactamases de classe A et C (40). De plus, ces enzymes ont une grande variabilité de séquence entre elles, avec un pourcentage d'identité allant de 16 à 99% entre deux oxacillinases (58, 87).

D'un point de vue phylogénétique, les oxacillinases peuvent être divisées en 5 groupes de variants dérivant d'un ancêtre commun (3, 7, 60, 71) :
- groupe I: OXA-5, OXA-7, OXA-10, OXA-13, OXA-35
- groupe II: OXA-2, OXA-3, OXA-20
- groupe III: OXA-1, OXA-4
- groupe IV: OXA-9
- groupe V: LCR-1.

Les gènes des oxacillinases sont le plus souvent localisés sur des intégrons de classe 1 (58), structures complexes d'ADN susceptibles de capturer des gènes de résistance et de s'insérer dans le génome de la bactérie ou au sein d'un plasmide.

c. β-lactamases à spectre étendu (BLSE)

Les BLSE sont des enzymes capables d'hydrolyser toutes les β-lactamines dont les céphalosporines de troisième génération (C3G), à l'exception des céphamycines (céfoxitine) et des carbapénèmes.

D'un point de vue microbiologique, ces enzymes sont détectées sur l'antibiogramme par des images de synergie dites "en bouchon de champagne" entre les C3G et un inhibiteur de β-lactamase. Chez *P. aeruginosa*, leur détection phénotypique est particulièrement délicate de par la résistance naturelle du germe à l'association amoxicilline-acide clavulanique, sa sensibilité médiocre vis-à-vis du céfotaxime et la possibilité d'une hyperexpression de l'efflux actif s'exprimant notamment vis-à-vis de l'association ticarcilline-acide clavulanique.

On peut les classer en 2 groupes, suivant la classification de Ambler (1) : les BLSE de classe A, dont l'activité est inhibée par les inhibiteurs de β-lactamases et les BLSE de classe D inconstamment sensibles à ces inhibiteurs.

- ***BLSE de classe A***

Les BLSE de classe A ont été décrites en premier lieu chez des entérobactéries en Europe (68, 85) : il s'agissait d'enzymes dérivées des pénicillinases à spectre étroit de type TEM et SHV par mutations dans des zones privilégiées proches du site actif et dont la sélection était liée à un traitement antérieur à base de C3G. Actuellement ces enzymes sont de distribution mondiale. De plus, si elles ont le même spectre de substrats, elles sont génétiquement diverses, produites par différents gènes ou familles de gènes (63). Ainsi, outre les enzymes dérivées de TEM et SHV, différents types de β-lactamases ont été décrites comme les enzymes CTX-M (céfotaximase), PER (Pseudomonas Extended Resistance), VEB (Vietnam Extended spectrum β-lactamase), GES (Guyana Extended Spectrum), BEL (Belgium Extended spectrum β-Lactamase), IBC (Integron Born Cephalosporinase), BES (Brazilian Extended Spectrum) (12, 30, 67, 70). Notons que le spectre d'hydrolyse de GES-2 a la particularité d'inclure l'imipénème, ce qui constitue une exception.

Chez *P. aeruginosa*, la première BLSE de classe A isolée a été PER-1, en 1992, chez une souche provenant d'un malade originaire de Turquie et hospitalisé en France (65). Aujourd'hui, d'autres BLSE de classe A ont été décrites dans cette espèce bactérienne, pour la plupart d'entre elles limitées à des zones géographiques bien précises (92). Si l'acquisition d'une telle enzyme entraine une résistance à toutes les β-lactamines, les niveaux de résistance conférés sont variables d'un type de BLSE à l'autre (92).

En France, même s'il convient d'insister sur la difficulté de mettre en évidence ce mécanisme de résistance, la prévalence des souches productrices de BLSE serait faible (63) : ainsi, la dernière étude épidémiologique multicentrique de 2004 montre que seulement 2.5% des souches résistantes à la ticarcilline possèdent une BLSE de classe A (16). Il s'agissait d'une SHV-2a dans tous les cas. Néanmoins, il convient de préciser que d'autres types de BLSE de classe A ont été occasionnellement décrites dans notre pays, notamment des enzymes dérivées de TEM (TEM-4, -21, -24,- 42), de SHV(SHV-5, -12), VEB-1 et GES-1, ces 2 derniers exemples étant des cas d'importation (92). Enfin, il faut noter qu'aucune BLSE de type CTX-M n'a jusqu'à présent été décrite chez *P. aeruginosa*.

- ***BLSE de classe D***

Les BLSE de classe D sont dérivées des oxacillinases à spectre étroit par mutations favorisées par un traitement antibiotique antérieur, notamment à base de ceftazidime (46). Ainsi, on peut citer les OXA-11, -13, -14, -16, -17, -19 et -28, toutes dérivées de OXA-10 (23, 24, 26, 34, 57, 58, 72) ou encore les OXA-15 et -32, dérivées de OXA-2 (25, 71).

Il faut souligner la difficulté, voire l'impossibilité de la détection phénotypique de ces enzymes insensibles à l'activité des inhibiteurs de β-lactamases. En effet, l'antibiogramme de souches ayant acquis ce mode de résistance ne montrera aucune image de synergie visible.

OXA-18 constitue un cas à part puisqu'il s'agit d'une BLSE de classe D ne présentant qu'une faible homologie de séquence avec les autres BLSE de cette famille. De plus, cette enzyme présente la particularité d'être très sensible à l'activité des inhibiteurs de β-lactamases, ce qui est inhabituel pour une protéine de cette classe (69).

Ces BLSE de classe D diffèrent non seulement sur le plan génétique, mais aussi sur les niveaux de résistance aux β-lactamines conférés chez *P. aeruginosa* : par exemple, les dérivés de OXA-10 confèrent une résistance plus grande à la ceftazidime qu'au céfépime (4). Au contraire, l'acquisition d'une OXA-31 (dérivée de OXA-1) entraîne une résistance au céfépime, sans modifier la sensibilité à la ceftazidime (4, 53). Enfin, citons également OXA-32 (dérivée de OXA-2), qui confère chez *P. aeruginosa* une résistance à la ceftazidime, une sensibilité légèrement diminuée au céfépime, mais qui n'a pas d'activité sur le céfotaxime (71).

A l'heure actuelle, ce mécanisme de résistance reste rare dans le monde (44, 93). En France, l'étude multicentrique de 2004 n'a pas retrouvé de souche ayant acquis une BLSE de classe D sur les 171 souches résistantes à la ticarcilline étudiées (16). La Turquie est le pays dans lequel la prévalence des souches de *P. aeruginosa* ayant acquis une BLSE de classe D est la plus forte (64).

d. Carbapénémases

P. aeruginosa peut aussi acquérir des enzymes de type carbapénémases qui, comme l'indique leur nom, ont la particularité d'hydrolyser les carbapénèmes (73). On peut diviser ces enzymes en deux groupes, sur la base de la classification de Ambler (1) : les carbapénémases de classe B et les carbapénémases de classe D ou oxa-carbapénémases.

- *Carbapénémases de classe B*

Ces enzymes, contrairement aux enzymes des autres classes de Ambler, ont la particularité d'avoir un site actif à zinc : il s'agit donc de métalloenzymes, chromosomiques ou plasmidiques, dont les principaux types isolés chez les bacilles à Gram négatif, sont IMP (Imipénémase), VIM (Verona Imipénémase), GIM (German Imipénémase) et SPM (Sao Paulo Métalloenzyme) (12, 67).

Chez *P. aeruginosa*, les métalloenzymes les plus courantes sont de type IMP et VIM. L'acquisition d'une telle enzyme par la bactérie lui confère une résistance à la totalité des β-lactamines excepté l'aztréonam, qui n'est pas un antipyocyanique majeur. En outre, il s'y associe une résistance croisée constante aux aminosides, ce qui restreint encore le choix thérapeutique (63). Ces enzymes ayant un site actif à Zn^{++}, sont inhibées par des chélateurs d'ions comme l'EDTA, propriété qui est utilisée pour leur détection *in vitro*.

La première métallo-carbapénémase a été décrite au Japon en 1990 (91), à une époque où ce pays était le seul à disposer en thérapeutique de 3 carbapénèmes différents, ce qui a possiblement créé une pression de sélection. Actuellement, ces enzymes ont diffusé au niveau mondial, avec des zones de distribution géographique préférentielles suivant leur type. Ainsi les IMP sont notamment décrites en Asie et sur le continent américain; les VIM étant principalement retrouvées en Europe, en Asie et aux Etats-Unis.

En France, ce mécanisme de résistance reste très peu fréquent. Ainsi, la dernière étude multicentrique de 2004 a montré que seules 2.5% des souches de sensibilité diminuée à l'imipénème possédaient une métalloenzyme, de type VIM-2 dans tous les cas (16). Le mécanisme prépondérant de résistance à l'imipénème reste donc très largement l'imperméabilité de la porine D2. Néanmoins, il a déjà été décrit une épidémie importante avec une souche VIM-2 dans un service d'hématologie d'un hôpital de Marseille (5) et des souches ont été également isolées de façon sporadique à Garches et à Nantes (63).

- *Carbapénémases de classe D*

Il existe des enzymes de la classe D de Ambler à site actif sérine capables d'hydrolyser les carbapénèmes, en plus de leurs propriétés d'hydrolyse des autres β-lactamines et de leur inconstante sensibilité aux inhibiteurs de β-lactamases. L'une d'entre elles, OXA-24, a été décrite pour la première fois en Espagne chez *Acinetobacter baumanii* (13). Cette enzyme présente la double particularité d'être sensible aux inhibiteurs de β-lactamases et de manquer d'activité vis-à-vis de l'oxacilline; toutefois, elle a été classée comme appartenant à la classe D de Ambler, le séquençage ayant montré des homologies avec les oxacillinases. D'autres oxa-carbapénémases ont été décrites, principalement chez *A. baumanii* (28, 90). Actuellement, ce mécanisme de résistance n'a jamais été décrit chez *P. aeruginosa*.

C. Résistances de *P. aeruginosa* aux aminosides

P. aeruginosa est habituellement sensible aux aminosides, à l'exception de la kanamycine pour laquelle il possède une résistance naturelle chromosomique. Parmi les molécules utilisées en thérapeutique, l'amikacine, l'isépamicine et la tobramycine (particulièrement utilisée en aérosol pour les souches de mucoviscidose) sont les plus actives sur ce germe.

Comme pour les β-lactamines, des résistances acquises aux aminosides sont apparues du fait de la pression de sélection. L'incidence de ce phénomène est variable selon les pays, et dans un même pays, selon les hôpitaux et les services. La dernière étude multicentrique française de 2004 étudiant 450 souches de *P. aeruginosa* issues de 15 CHU français a montré que 86% des souches étaient sensibles à l'amikacine et 80% sensibles à la tobramycine (16). Quatre mécanismes de résistance sont décrits, parfois associés au sein d'une même souche (74).

1. Modification d'affinité de la cible de l'antibiotique

Les aminosides possèdent une activité bactéricide rapide et intense sur *P. aeruginosa*; leur mécanisme d'action consistant en l'inhibition de la synthèse protéique par liaison au ribosome bactérien. Par conséquent, une mutation au niveau de cette cible peut être responsable d'une diminution d'affinité de l'aminoside et donc d'une diminution de sensibilité du germe à cette molécule.

2. Diminution de la perméabilité membranaire

Les aminosides doivent pour atteindre leur cible, traverser la paroi bactérienne par un système actif de transport : une mutation au niveau de ce système peut entraîner un défaut de pénétration de l'aminoside donc son inactivité vis-à-vis de *P. aeruginosa*.

3. Augmentation de l'efflux actif

Comme nous l'avons précédemment décrit, il existe au sein de la paroi de *P. aeruginosa* des systèmes d'efflux actif permettant au germe d'expulser certains antibiotiques, dont les aminosides. Une hyperexpression de ces pompes, liée à une mutation des régions régulatrices, peut conduire à une augmentation de l'excrétion de l'aminoside (75, 76).

4. Hydrolyse enzymatique

Enfin, *P. aeruginosa* peut également acquérir des plasmides contenant des gènes d'enzymes inactivant les aminosides par acétylation (AAC), par nucléotidylation (ANT) ou par phosphorylation (APH). Le phénotype de résistance ainsi conféré est variable selon les enzymes acquises (74).

D. Résistances de *P. aeruginosa* aux fluoroquinolones

Les quinolones de première génération sont inactives sur *P. aeruginosa*. Parmi les fluoroquinolones, l'ofloxacine et la péfloxacine n'ont qu'une activité médiocre vis-à-vis de ce germe alors que la ciprofloxacine possède une bien meilleure efficacité. Le spectre de la lévofloxacine inclut cette espèce mais cette molécule n'est pas recommandée dans le traitement des infections dues à ce germe.

Comme pour les β-lactamines et les aminosides, *P. aeruginosa* peut acquérir une résistance aux fluoroquinolones. En France en 2004, 68% des souches testées étaient sensibles à la ciprofloxacine et 57% à la lévofloxacine (16). Trois mécanismes, éventuellement associés, ont été décrits.

1. Modification d'affinité de la cible de l'antibiotique

Les fluoroquinolones sont des antibiotiques bactéricides agissant par liaison aux ADN-topoisomérases II (ou ADN-gyrase) et IV des bactéries, enzymes intervenant dans la modification de la structure tridimensionnelle de l'ADN bactérien et par là entrainent le blocage de la synthèse de l'ADN bactérien.

P. aeruginosa peut acquérir une résistance à ces molécules par mutation dans les gènes *gyrA* de la sous-unité A (cas le plus fréquent) ou *gyrB* de la sous-unité B de l'ADN-gyrase bactérienne; il a également été décrit des mutations dans des gènes de structure de l'ADN topoisomérase IV, *parE* et *parC* (21).

2. Diminution de la perméabilité membranaire

Les fluoroquinolones doivent traverser les membranes externe et cytoplasmique de *P. aeruginosa* pour atteindre la cible que sont les topoisomérases. Parmi les fluoroquinolones, la ciprofloxacine diffuse principalement à travers la porine OprD de *P. aeruginosa* (21) et peut voir sa pénétration diminuée en cas de déficit en porine.
Quant au mécanisme de pénétration à travers la membrane cytoplasmique, il reste encore mal connu.

3. Augmentation de l'efflux actif

Comme nous l'avons précédemment décrit, il existe au sein de la paroi de *P. aeruginosa* des systèmes d'efflux actif permettant au germe d'expulser certains antibiotiques : ce sont les pompes d'efflux MexAB-OprM, Mex CD-OprJ, MexEF-OprN et MexXY-OprM. Une mutation dans les régions régulatrices (notamment lors d'une pression de sélection par l'utilisation d'une monothérapie préalable par une fluoroquinolone) conduit à une surexpression d'une ou de plusieurs de ces pompes, entraînant une excrétion accrue des fluoroquinolones. Il faut néanmoins noter qu'il n'a jamais été décrit jusqu'à présent de mutant chez lequel le mécanisme de résistance aux quinolones serait uniquement lié à une augmentation de l'efflux actif (21).

Enfin, il est actuellement décrit que l'acquisition de β-lactamases et/ou une hyperexpression de céphalosporinase par une souche de *P. aeruginosa* est fréquemment associée avec une diminution de sensibilité aux aminosides et à la ciprofloxacine (75).

BUT DE L'ETUDE

Jusqu'au début des années 2000, la résistance aux céphalosporines de troisième génération (C3G) et en particulier à la ceftazidime chez les souches de *P. aeruginosa* isolées au Centre Hospitalier Universitaire (CHU) de Rouen était liée à une hyperexpression de leur céphaloporinase naturelle. En effet, la sensibilité aux β-lactamines de ces souches était restaurée sur gélose de Mueller-Hinton additionnée de cloxacilline, inhibiteur spécifique de AmpC.

Depuis l'été 2004, nous avons observé l'émergence d'un nouveau phénotype de résistance aux C3G, parfois sans restauration complète de sensibilité sur gélose à la cloxacilline, ce qui évoquait un ou des mécanisme(s) de résistance additionnel(s) au mécanisme d'hyperexpression de céphalosporinase. De plus, nous avons constaté dans certains cas l'existence de discrètes images de synergie entre la ceftazidime et/ou le céfépime avec l'acide clavulanique, évoquant l'éventuelle présence de β-lactamase(s) à spectre étendu (BLSE).

Ce travail a porté sur 24 souches de *P. aeruginosa* présentant ce nouveau phénotype de résistance aux β-lactamines, isolées dans différents services du CHU de Rouen entre août 2004 et décembre 2006. Il a consisté en la caractérisation du(des) mécanisme(s) de résistance aux β-lactamines et en la comparaison génétique de ces souches, afin de déterminer si l'émergence de ce mécanisme de résistance était liée à une ou plusieurs souches. Une étude des dossiers cliniques des patients chez lesquels ces souches ont été isolées, a été menée à la recherche de facteurs de risque d'acquisition de ces souches et afin d'évaluer l'efficacité des traitements antibiotiques mis en œuvre.

MATERIEL ET METHODES

I. Souches étudiées

Les 24 souches cliniques de *P. aeruginosa* utilisées dans cette étude ont été isolées au laboratoire de Bactériologie du Centre Hospitalier Universitaire (CHU) de Rouen, entre août 2004 et décembre 2006. Leur identification en routine était basée sur l'observation microscopique d'une fraction de colonie, étalée sur lame colorée selon la méthode de Gram, la positivité du test à l'oxydase (disques fournis par Mast Diagnostics, Merseyside, UK), la culture bactérienne à 41°C et l'utilisation du système automatisé Phoenix® (Becton Dickinson Diagnostic Systems [BD], Pont de Claix, France) ou de galeries API 20 NE® (BioMérieux, Marcy l'Etoile, France).

Ces souches ont été conservées en milieu BHI (Brain Heart Infusion) + glycérol à –80°C; elles ont été ensemencées sur milieu de Mueller-Hinton (MH) (BioMérieux) et incubées 24 heures à 37°C en milieu aérobie.
Nous avons exclu de cette étude les souches provenant de patients atteints de mucoviscidose.

Nous avons également utilisé des souches servant de témoins positifs pour nos réactions de détection de β-lactamases par PCR:

- *Salmonella enterica subsp. Enterica* n°106086 du Centre de Ressources Biologiques de l'Institut Pasteur (CRBIP) productrice de β-lactamase OXA-1
- *P. aeruginosa* n°107309 du CRBIP produisant OXA-2 et PER-1
- *P. aeruginosa* n°106880 du CRBIP produisant OXA-18
- 3 souches de *Escherichia coli* produisant des BLSE de type CTXM-1, -2 et -9 gracieusement fournies par le Professeur Bingen de l'hôpital Robert Debré (Paris)
- *Acinetobacter baumanii* AYE produisant VEB-1 et OXA-10
- *Klebsiella pneumoniae* comme témoin positif SHV
- *E. coli* pcFF04 produisant TEM-3

II. Etude de la sensibilité des souches aux β-lactamines

A. Méthode de diffusion en milieu gélosé

Les antibiogrammes ont été réalisés sur milieu gélosé de Mueller-Hinton (MH) (BioRad, Marnes-la-Coquette, France), simple ou additionné de cloxacilline à 250 mg/l, en utilisant un inoculum bactérien de 10^6 "unités formant colonies"/ml (UFC/ml). La méthode est basée sur la diffusion des molécules d'antibiotiques à tester imprégnant des disques (Diagnostics Pasteur, France). Après 24 heures d'incubation à 37°C, la lecture et l'interprétation des diamètres autour de chaque disque d'antibiotique s'est faite d'après les recommandations du Comité de l'Antibiogramme de la Société Française de Microbiologie (CASFM).

B. Concentrations minimales inhibitrices (CMI)

La CMI, pour une espèce bactérienne et un antibiotique donnés, est définie comme la plus faible concentration d'antibiotique inhibant toute croissance bactérienne.
Nous avons mesuré les CMI des 24 souches de *P. aeruginosa* étudiées pour 4 antibiotiques : la ceftazidime, le céfépime, l'aztréonam et l'imipénème. Les déterminations des CMI ont été faites par la technique du E-test® (AES, Saint Pierre de Chandieux, France). L'antibiotique étudié est déposé sur une bandelette suivant un gradient de concentration dégressif; cette bandelette est ensuite placée sur un milieu gélosé ensemencé par écouvillonnage d'une suspension bactérienne de 0.5 MacFarland réalisée dans un flacon API 0.85% NaCl Médium® selon les recommandations du fournisseur. Après incubation à 37°C pendant 24 heures, il se forme une zone elliptique d'inhibition de la croissance autour de la bandelette et la CMI est lue sur la bandelette à l'intersection de cette zone d'inhibition.

Les CMI des 4 antibiotiques testés ont été mesurées sur 2 types de milieux : d'une part MH simple et d'autre part MH additionné de cloxacilline à 500 mg/l et d'acide clavulanique à 2mg/l.

C. Test des disques BLSE

La recherche d'une BLSE a été effectuée en utilisant la méthode de diffusion en milieu gélosé sur milieu MH additionné de cloxacilline à 250 mg/l, à l'aide des disques suivants, fournis par Diagnostics Pasteur :

- céfotaxime et céfotaxime + acide clavulanique
- ceftazidime et ceftazidime + acide clavulanique
- céfépime et céfépime + acide clavulanique.

Après 24h d'incubation à 37°C, les diamètres autour des disques de céphalosporine seule et associée à l'acide clavulanique, sont comparés. Un diamètre autour du disque de C3G associée à l'acide clavulanique supérieur ou égal de 5 mm à celui du disque de C3G seule indique la présence d'une BLSE pour la souche testée (2, 39, 50).

III. Etude moléculaire des souches

A. Extraction de l'ADN

L'ADN des souches bactériennes étudiées a été extrait à l'aide du kit InstaGene®Matrix (BioRad), kit permettant l'extraction d'ADN à partir de colonies, selon les recommandations du fabricant.

B. Réaction d'amplification par polymérisation en chaîne (PCR)

Les réactions ont été effectuées en milieu réactionnel PCR ReddyMix® (AB gene, Epsom, UK), contenant 0.625 U de Taq DNA Polymerase, dans un volume final de $25\mu l$.

1. Techniques d'amplification aléatoire du polymorphisme de l'ADN

Les techniques de PCR à l'aide des amorces ERIC-2, 208 et REP ont permis une étude épidémiologique des souches de *P. aeruginosa*. En effet, il s'agit de techniques d'amplification aléatoire du polymorphisme de l'ADN, plus connues sous le terme de RAPD (pour Random Amplification of Polymorphic DNA). Il s'agit d'amplifier "au hasard" des segments d'ADN génomique, le nombre et les séquences des fragments amplifiés variant selon l'amorce utilisée. Le profil obtenu est caractéristique, et permet donc de comparer le génome des différentes souches étudiées.

La PCR ERIC-2 est basée sur l'amplification aléatoire de l'ADN bactérien en utilisant une amorce spécifique de séquences répétitives non codantes dispersées dans le génome bactérien appelées E.R.I.C. (pour Enterobacterial Repetitive Intergenic Consensus sequence). Bien que découvertes chez les entérobactéries, elles sont également présentes chez *P. aeruginosa*, permettant l'exploitation de cette méthode à des fins épidémiologiques en s'appuyant sur l'étude du polymorphisme des profils d'amplification obtenus après séparation électrophorétique (27).

La PCR 208, de la même manière, est une technique de RAPD utilisant l'amorce 208 antérieurement décrite (52).

La REP PCR est également basée sur l'amplification aléatoire de séquences palindromiques répétitives extragéniques appelées REP (pour Repetitive Extragenic Palindromic sequence) (39).

Les protocoles de ces PCR et les oligonucléotides utilisés à la concentration de 2.5 μmol/l sont regroupés dans le tableau 1.

2. Détection des gènes de différentes BLSE

Les protocoles des PCR que nous avons effectuées à la recherche de différentes BLSE, ainsi que du gène codant pour AmpC (céphalosporinase naturelle) chez les souches de *P. aeruginosa* étudiées sont résumés dans le tableau 2 (7, 15, 27, 39, 89). Les oligonucléotides ont été utilisés à la concentration de 1.25 μmol/l pour les PCR TEM, PER-1, OXA, 5'CS-3'CS et AmpC et 0.625 μmol/l pour les PCR CTX-M, SHV et VEB-1.

3. Recherche d'intégrons

Le protocole et les amorces 5'CS-3'CS utilisées pour la recherche d'intégrons sont décrits dans le tableau 2 (30).

C. Analyse des produits d'amplification

Les produits d'amplification ont été étudiés après électrophorèse en gel d'Agarose Seakem LE® (BioWhittaker Molecular Application, Rockland, USA) à 1.8% contenant du bromure d'éthidium (BET). Des dépôts de 5 μl de produits de PCR et de marqueur de poids moléculaire ont migré en cuve horizontale dans du tampon TBE (Tris base/Acide borique/E.D.T.A. disodique) sous 110 volts de différence de potentiel pendant 45 minutes.

Tableau 1 : Amorces et protocoles des PCR utilisées en RAPD

PCR	AMORCE	
ERIC-2	5' AAG TAA GTG ACT GGG GTG AGC G 3'	
208	5' ACG GCC GAC C 3'	

PCR	AMORCE UP	AMORCE LOW
REP	5' III ICG ICG ICA TCI GGC 3'	5' ACG TCT TAT CAG GCC TAC 3'

PCR	PROTOCOLE	

ERIC-2	ERIC PCR	1. Phase de dénaturation initiale de l'ADN à 95°C durant 3 minutes
		2. 40 cycles d'amplification incluant chacun:
		    - une phase de dénaturation de 30 secondes à 95°C
		    - une phase d'hybridation d'une minute à 25°C
		    - une phase de polymérisation de 2 minutes à 72°C
		3. Phase d'élongation finale de 10 minutes à 72°C
		4. Conservation à 4°C

208	pyo 208	1. Phase de dénaturation initiale de l'ADN à 94°C durant 5 minutes
		2. 4 cycles d'amplification incluant chacun:
		    - une phase de dénaturation de 5 minutes à 94°C
		    - une phase d'hybridation de 5 minutes à 36°C
		    - une phase de polymérisation de 5 minutes à 72°C
		2. 30 cycles d'amplification incluant chacun:
		    - une phase de dénaturation d'une minute à 94°C
		    - une phase d'hybridation d'une minute à 36°C
		    - une phase de polymérisation de 2 minutes à 72°C
		3. Phase d'élongation finale de 10 minutes à 72°C
		4. Conservation à 4°C

REP	REP PCR	1. Phase de dénaturation initiale de l'ADN à 95°C durant 3 minutes
		2. 40 cycles d'amplification incluant chacun:
		    - une phase de dénaturation de 30 secondes à 92°C
		    - une phase d'hybridation d'une minute à 40°C
		    - une phase de polymérisation de 8 minutes à 65°C
		3. Phase d'élongation finale de 16 minutes à 65°C
		4. Conservation à 4°C

Tableau 2 : Amorces et protocoles des PCR à la recherche de BLSE et d'intégrons (pages 25 à 26)

PCR	AMORCE UP		AMORCE LOW
CTXM-1	5' GGT TAA AAA ATC ACT GCG TC 3'		5' TTG GTG ACG ATT TTA GCC GC 3'
CTXM-2	5' ATG ATG ACT GAG AGC ATT GC 3'		5' TGG GTT ACG ATT TTC GCC GC 3'
CTXM-9	5' ATG GTG ACA AAG AGA GTG CA 3'		5' CCC TTC GGC GAT GAT TCT C 3'
TEM	5' ATG AGT ATT CAA CAT TTC CG 3'		5' CCA ATG CTT AAT CAG TGA GG 3'
SHV	5' TTA TCT CCC TGT TAG CCA CC 3'		5' GAT TTG CTG ATT TCG CTC GG 3'
VEB-1	5' CGA CTT CCA TTT CCC GAT GC 3'		5' GGA CTC TGC AAC AAA TAC GC 3'
PER-1	5' ATG AAT GTC ATT ATA AAA GC 3'		5' AAT TTG GGC TTA GGG CAG AA 3'
OXA-1	5' TAT TAT CTA CAG CAG CGC CAG T 3'		5' GTG TTT AGA ATG GTG ATC GCA T 3'
OXA-2	5' ATG GCA ATC CGA ATC TTC GC 3'		5' GCG TCC GAG TTG ACT GCC GG 3'
OXA-10	5' ATG AAA ACA TTT GCC GCA TAT GT 3'		5' TTA GCC ACC AAT GAT GCC CT 3'
OXA-18	5' ATT TCA ACG GTT TGC CTT AG 3'		5' TTG GCA TCG GAA AGC GAA CC 3'
5'CS-3'CS	5' GGC ATC CAA GCA GCA AG 3'		5' AAG CAG ACT TGA CCT GA 3'
AmpC	5' GG GCG GTT TCT CAT GCA GCC AAC G 3'		5' AA GCG CTC ATG GCA CCA TCA TAG CC 3'

PCR	PROTOCOLE	

CTXM-1
CTXM-2
SHV
VEB-1
PER-1
OXA-10
OXA-18
5'CS 3'CS
	Touch-Down
	(td) 65-55
		La technique de Touch-Down PCR est une variation de la technique de PCR classique. Dans les premiers cycles, la température d'hybridation des amorces est supérieure à celle du Tm (melting Temperature) calculé des amorces, puis cette température est diminuée de 1°C par cycle lors des 10 premiers cycles, Ceci permet de s'assurer que l'hybridation des amorces soit effectuée à la plus haute température possible, amenant ainsi une réaction de haute spécificité.
		
		1. Phase de dénaturation initiale de l'ADN à 95°C durant 10 minutes
		2. 10 cycles d'amplification incluant chacun:
		    - une phase de dénaturation de 30 secondes à 95°C
		    - une phase d'hybridation d'une minute à 65°C (la température d'hybridation commence à 65°C mais diminue de 1°C à chaque cycle pour atteindre 55°C après les 10 premiers c ycles)
		    - une phase de polymérisation d'une minute trente à 72°C
		2. 40 cycles d'amplification incluant chacun:
		    - une phase de dénaturation de 30 secondes à 95°C
		    - une phase d'hybridation d'une minute à 55°C
		    - une phase de polymérisation d'une minute trente à 72°C
		3. Phase d'élongation finale de 5 minutes à 72°C
		4. Conservation à 4°C

PCR	PROTOCOLE	

CTXM-9
TEM
	td 60-50	1. Phase de dénaturation initiale de l'ADN à 95°C durant 3 minutes
		2. 10 cycles d'amplification incluant chacun:
		    - une phase de dénaturation de 30 secondes à 95°C
		    - une phase d'hybridation d'une minute à 60°C (la température d'hybridation commence à 60°C mais diminue de 1 °C à chaque cycle pour atteindre 50°C après les 10 premiers cycles)
		    - une phase de polymérisation d'une minute trente à 72°C
		2. 40 cycles d'amplification incluant chacun:
		    - une phase de dénaturation de 30 secondes à 95°C
		    - une phase d'hybridation d'une minute à 50°C
		    - une phase de polymérisation d'une minute trente à 72°C
		3. Phase d'élongation finale de 5 minutes à 72°C
		4. Conservation à 4°C

OXA-1
OXA-2
	td 65-60	1. Phase de dénaturation initiale de l'ADN à 95°C durant 10 minutes
		2. 10 cycles d'amplification incluant chacun :
		    - une phase de dénaturation de 30 secondes à 95°C
		    - une phase d'hybridation d'une minute à 65°C (la température d'hybridation commence à 65°C mais diminue de 0,5°C à chaque cycle pour atteindre 60°C après les 10 premiers cycles)
		    - une phase de polymérisation d'une minute trente à 72°C
		2. 40 cycles d'amplification incluant chacun:
		    - une phase de dénaturation de 30 secondes à 95°C
		    - une phase d'hybridation d'une minute à 60°C
		    - une phase de polymérisation d'une minute trente à 72°C
		3. Phase d'élongation finale de 5 minutes à 72°C
		4. Conservation à 4°C

AmpC		1. Phase de dénaturation initiale de l'ADN à 95°C durant 10 minutes
		2. 30 cycles d'amplification incluant chacun :
		    -une phase de dénaturation d'une minute à 94°C
		    -une phase d'hybridation de 3 minutes à 50°C
		    -une phase de polymérisation de 3 minutes à 72°C
		3. Phase d'élongation finale de 15 minutes à 72°C
		4. Conservation à 4°C

Les marqueurs de poids moléculaire utilisés sont pBR322 DNA-MspI Digest (fragments de 9 à 622 pb), λDNA-HindIII Digest (125 à 23130 pb) (BioLabs, New England) et Step Ladder, 50 bp (50 à 3000 pb) (Sigma-Aldrich, Saint-Louis, USA).

Les profils d'amplification ont été visualisés sous lumière UV (254 nm) grâce au système Chemi Doc (BioRad) puis photographiés et analysés visuellement.

D. Identification des gènes de BLSE

Les gènes de β-lactamases ont été amplifiés par PCR à l'aide d'amorces spécifiques et identifiés par séquençage dans les 2 sens des produits de PCR afin d'identifier ces gènes.
Une purification des amplicons a été réalisée après la PCR grâce au QIAquick Gel Extraction Kit® (Qiagen, Chatesworth, USA) selon le protocole du fabricant.

Le séquençage a été réalisé grâce au Big Dye Terminator Cycle Sequencing Kit® (Applied Biosystems, Foster City, USA) selon les recommandations du fabricant, à l'aide des amorces utilisées pour les réactions de PCR. Les séquences ont ensuite été analysées par un séquenceur monocapillaire ABI PRISM 310® (Applied Biosystems), puis corrigées manuellement et alignées à l'aide du logiciel BioEdit Sequence Alignement Editor®.

IV. Recherche de plasmide et expériences de conjugaison

A. Extraction d'ADN plasmidique

Deux techniques différentes ont été utilisées pour rechercher de l'ADN plasmidique.

1. Extraction par le kit Qiagen® Plasmid Midi (Qiagen, Courtabeuf, France)

L'extraction a été réalisée selon les recommandations du fabricant, à partir de 10 ml de culture bactérienne en bouillon nutritif BOEG en présence de ticarcilline à 15 mg/l.

2. Extraction par lyse alcaline, dérivée de la technique de Birnboim et Doly (11)

Après croissance des bactéries en bouillon BOEG 18 heures à 37°C, 1.5 ml de culture est centrifugé 1 minute à 12000g à 4°C. Le culot bactérien obtenu est repris dans 100 μl de solution I (Tris-Cl 25 mM pH 8, EDTA 10 mM pH 8, glucose 50 mM). Cette suspension est mise en contact avec 200 µl de solution de lyse II (NaOH 0.2N, SDS 1%). L'extraction est réalisée par l'ajout de 150 µl de solution III (6ml d'acétate de potassium 5M, 1.15 ml d'acide acétique glacial, 2.85 ml d'eau). La phase supérieure aqueuse contenant l'ADN plasmidique débarrassé des protéines, lipides membranaires et de l'ADN génomique est récupérée après 5 minutes de centrifugation à 12000g à 4°C. Deux volumes d'alcool absolu ont permis de précipiter l'ADN pendant 10 minutes. Après une nouvelle centrifugation de 5 minutes à 12000g à 4°C, le culot d'ADN est lavé par l'éthanol à 70%. Après une dernière centrifugation dans les mêmes conditions, le culot d'ADN a été repris dans 50 µl de tampon TE (Tris 10mM, EDTA 1mM). Une incubation de 2 heures à 37°C avec 5 µl de RNAse a permis d'éliminer la présence d'ARN.

La présence d'ADN plasmidique a été recherchée sur 5 µl d'extrait auquel était ajouté 5 µl de BlueDye (Promega, Madison, USA) par électrophorèse en gel d'agarose à 0.8% en tampon TBE en présence de BET et en utilisant le marqueur de poids moléculaire λDNA-HindIII Digest.

B. Expériences de transfert de plasmides par conjugaison

La mise en évidence de plasmides conjugatifs portant des caractères de résistance aux antibiotiques se fait par croisement de la souche donatrice avec une souche réceptrice dépourvue de plasmide. Le transfert des caractères de résistance à la souche réceptrice indique que le support génétique des caractères de résistance est plasmidique. D'un point de vue technique, il faut sélectionner les bactéries réceptrices ayant acquis le plasmide porteur des gènes de résistance aux antibiotiques tout en éliminant les bactéries donatrices. Pour cela, la bactérie réceptrice doit être résistante à un antibiotique auquel la bactérie donatrice est sensible. La fréquence de transfert est estimée par le rapport entre le nombre de colonies de transconjugant obtenues et le nombre de colonies réceptrices présentes. Il existe des plamides non conjugatifs, qui par définition ne possèdent pas l'information génétique nécessaire à leur transfert.

Des cultures liquides de 24 heures dans 10 ml de bouillon nutritif BOEG ont été réalisées à partir de colonies de souche donatrice (souches de *P. aeruginosa* étudiées) et de souche réceptrice (*E. coli* J53-2, résistant à la rifampicine et à la fosfomycine). La conjugaison a été réalisée en milieu solide et en milieu liquide et nous avons utilisé 2 types de conditions de sélection : rifampicine ou fosfomycine, associée à la ticarcilline.

1. Conjugaison bactérienne
   - en milieu solide,
     - culture de 24 heures à 37°C d'un mélange de 50 µl de souche donatrice et 500 µl de souche réceptrice sur filtre Millipore (Millipore Corporation) déposé sur milieu MH
     - dissociation dans 5 ml d'eau distillée stérile des colonies obtenues sur filtre
   - en milieu liquide,
     culture de 24 heures d'un mélange de 100µl de souche donatrice et de 1 ml de souche réceptrice dans 10 ml de bouillon BOEG

2. Sélection des transconjugants par étalement de 100µl de suspension bactérienne sur :
   - milieux MH additionnés de rifampicine à 100 mg/l + ticarcilline à 50 mg/l et de rifampicine à 500 mg/l + ticarcilline à 125 mg/l
   - milieux MH additionnés de fosfomycine à 100 mg/l + ticarcilline à 50 mg/l et de fosfomycine à 100 mg/l + ticarcilline à 125 mg/l

Afin de numérer les souches réceptrices, nous avons également étalé 100 µl du mélange bactérien sur des milieux MH additionnés de rifampicine seule à 100 mg/l et de fosfomycine seule à 100 mg/l.

3. Incubation des cultures 24 heures à 37°C

4. Lecture des cultures sur milieux de sélection afin de rechercher les éventuels transconjugants, c'est-à-dire des souches de *E. coli* ayant cultivé sur MH additionnés de rifampicine + ticarcilline ou de fosfomycine + ticarcilline.

   Pour cela, nous avons réalisé un test à l'oxydase pour chaque type de colonie observé et repiqué les différentes colonies sur milieu chromogène CPS (BioMérieux), milieu facilitant la distinction des espèces *E. coli* (couleur rose et test à l'indol positif) et *P. aeruginosa* (couleur variable, transparente à verte intense).

RESULTATS

I. Phénotypes de résistance des souches et sensibilité aux antibiotiques

Chacune des 24 souches de *P. aeruginosa* étudiées a fait l'objet d'un antibiogramme standard sur gélose MH simple, d'un antibiogramme sur gélose MH additionnée de cloxacilline (250 mg/l) inhibiteur spécifique de la céphalosporinase et d'un test des disques BLSE.
Les figures 1, 2, 3, 4 et 5 représentent les antibiogrammes des souches 1, 3, 5, 23 et 6, qui sont caractéristiques des principaux phénotypes de résistance aux β-lactamines observés.
Pour toutes les souches, les diamètres mesurés autour des disques d'antibiotiques testés ainsi que l'interprétation "brute" de la sensibilité du germe qui en découle selon les données du CASFM et sans correction biologique, sont présentés dans le tableau 3.

Toutes les souches de *P. aeruginosa* étudiées sont résistantes à la ticarcilline et à la pipéracilline, et résistantes ou intermédiaires à l'association de ces molécules avec les inhibiteurs de β-lactamases (acide clavulanique et tazobactam). Pour 20 des 24 souches, une augmentation de diamètre d'au moins 3 mm est observée autour des disques de ces associations, suggérant l'existence d'un mécanisme de résistance sensible à l'effet des inhibiteurs; cet effet est plus net sur MH + cloxacilline.

Un premier phénotype regroupe la moitié des souches qui paraissent sensibles à la ceftazidime et à l'aztréonam mais toujours de sensibilité diminuée au céfépime avec un étirement des diamètres autour des disques de ceftazidime et/ou de céfépime en regard des disques contenant de l'acide clavulanique, indiquant un possible mécanisme de type BLSE. Toutefois, 3 souches sur ces 12 (souches 2, 14, 23) ont un test des disques BLSE négatif. De plus, pour 7 souches (souches 1, 10, 14, 16, 17, 23, 24), la sensibilité au céfépime est complètement restaurée sur cloxacilline, ce qui implique un mécanisme de type céphalosporinase pouvant masquer une éventuelle BLSE. Ainsi, les souches 14 et 23 ont à la fois un test des disques BLSE négatif avec une restauration complète de sensibilité au céfépime sur cloxacilline, mais néanmoins, une image d'étirement du diamètre autour du disque de céfépime en regard de l'acide clavulanique sur MH peut faire suspecter la présence de BLSE.

Par ailleurs, ces 12 souches sont toutes résistantes aux aminosides (tobramycine, amikacine) et à la ciprofloxacine, mais sensibles à la fosfomycine.

Un deuxième phénotype regroupe 5 souches (souches 3, 7, 9, 11, 21) de sensibilité intermédiaire à la ceftazidime, à l'aztréonam, et toujours résistantes au céfépime. Pour 4 d'entre elles (souches 3, 7, 11, 21), on observe un étirement du diamètre autour du disque de céfépime en regard de disques d'acide clavulanique et seule la souche 7 a un test des disques BLSE négatif. Par ailleurs, la cloxacilline restaure complètement la sensibilité à la ceftazidime pour les 5 souches et au céfépime pour 3 souches (souches 7, 11, 21). Au total, seule la souche 7 a donc à la fois un test des disques BLSE négatif avec une restauration complète de sensibilité à la ceftazidime et au céfépime sur MH + cloxacilline, mais les images d'étirement des diamètres autour des disques de ceftazidime et de céfépime en regard de l'acide clavulanique peuvent faire suspecter une acquisition de BLSE.

Ces 5 souches présentent les mêmes co-marqueurs de résistance : aminosides (tobramycine, amikacine) et ciprofloxacine, mais sont sensibles à la fosfomycine.

Enfin, un dernier groupe comporte 7 souches (souches 6, 8, 12, 13, 18, 20 et 22) résistantes à la ceftazidime et à l'aztréonam et de sensibilité diminuée au céfépime. Contrairement aux autres souches étudiées, il n'est pas observé d'images de synergie (étirement) en regard de l'acide clavulanique (sauf pour la souche 6) et le test des disques BLSE se trouve mis en défaut pour 6 souches sur 7 (souches 6, 8, 12, 13, 20, 22). Toutefois, la cloxacilline ne restaure jamais une sensibilité complète à la ceftazidime et de façon variable à l'aztréonam ou au céfépime. Dans ces cas, l'absence de restauration de sensibilité par la cloxacilline est le seul élément d'alerte de l'éventuelle présence de BLSE.

Ces souches sont de sensibilité variable aux aminosides et à la ciprofloxacine, mais sont toutes sensibles à la fosfomycine.

Au total, les 24 souches présentent une sensibilité diminuée au céfépime. Cependant, le test à la recherche de BLSE avec le disque de céfépime + acide clavulanique est positif pour 14 d'entre elles (souches 1, 3, 4, 5, 9, 10, 11, 15, 16, 17, 18, 19, 21, 24) et seules 2 souches (9 et 15) ont également un test positif avec les disques de céfotaxime et/ou ceftazidime + acide clavulanique.

Enfin, seul un tiers des souches sont sensibles à l'imipénème, dont l'activité est variable, sans lien avec l'expression des phénotypes de résistance aux C3G.

Nous avons également déterminé les CMI de 4 antibiotiques : ceftazidime, céfépime, aztréonam et imipénème, et ce sur 2 types de milieux, MH simple et MH additionné de cloxacilline à 500 mg/l et d'acide clavulanique à 2mg/l afin d'évaluer l'effet de la céphalosporinase et de(s) BLSE dans le niveau de résistance conféré (tableau 4). Sur MH simple, les CMI étaient bien corrélées aux phénotypes observés à l'antibiogramme, parfois à une dilution près. Malgré la présence des inhibiteurs de céphalosporinase et de pénicillinase, on n'observe pas de restauration complète de sensibilité à toutes les C3G.

II. Analyse génétique des isolats de *P. aeruginosa*

A. Recherche d'un gène de résistance acquise aux β-lactamines

Les phénotypes de résistance aux β-lactamines des souches de *P. aeruginosa* étudiées suggéraient l'acquisition par ces souches d'une β-lactamase et notamment d'une BLSE. Nous avons donc effectué des réactions d'amplification génique par PCR à l'aide d'amorces spécifiques, à la recherche des β-lactamases suivantes :

- BLSE de type céfotaximases (CTX-M), encore inconnues chez *P. aeruginosa* mais fréquentes chez les entérobactéries (66),
- BLSE VEB-1, décrite fréquemment chez *P. aeruginosa* et *Acinetobacter baumanii*,
- BLSE PER-1 décrite chez *P. aeruginosa*,
- oxacillinases et BLSE de la classe D de Ambler,
- pénicillinases de type TEM ou SHV.

Cette étude moléculaire s'est révélée négative avec les amorces bla_{CTXM-1}. La figure 6 montre l'image des gels de migration des produits d'amplification. Dans la majorité des cas, on ne voyait aucune bande à l'image. En revanche, on a observé pour 4 souches une bande de taille identique à la bande servant de témoin positif CTXM-1, justifiant un séquençage qui a révélé une amplification non spécifique d'un fragment de l'ADN génomique de *P. aeruginosa* (figures 6 et 7).

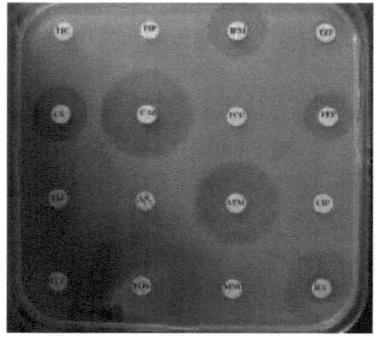 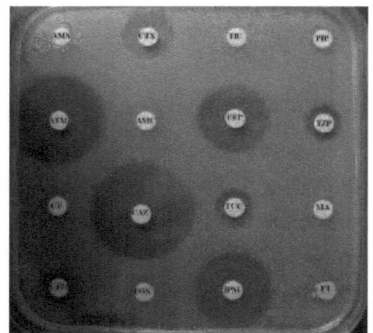

MH   MH + cloxacilline

Figure 1 : Antibiogramme de la souche 1 sur milieux MH et MH additionné de cloxacilline à 250 mg/l

TIC, ticarcilline; PIP, pipéracilline; IPM, imipénème; TZP, pipéracilline-tazobactam; CS, colistine; CAZ, ceftazidime; TCC, ticarcilline-acide clavulanique; FEP, céfépime; TM, tobramycine; AN, amikacine; ATM, aztréonam; CIP, ciprofloxacine; SXT, cotrimoxazole; FOS, fosfomycine; MNO, minocycline; RA, rifampicine; AMX, amoxicilline; CTX, céfotaxime; AMC, amoxicilline-acide clavulanique; CF, céfalotine; MA, céfamandole; CFM, céfixime; FOX, céfoxitine; FT, nitrofuranes

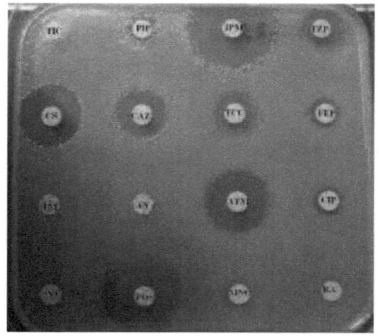 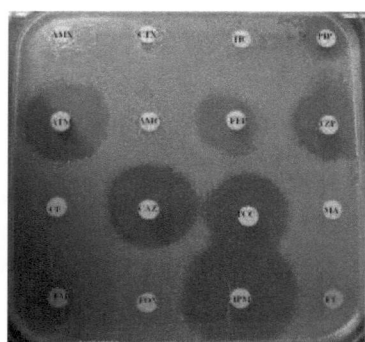

MH   MH + cloxacilline

Figure 2 : Antibiogramme de la souche 3 sur milieux MH et MH additionné de cloxacilline à 250 mg/l

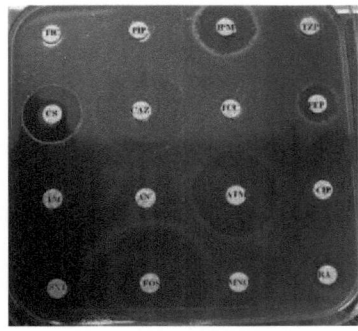 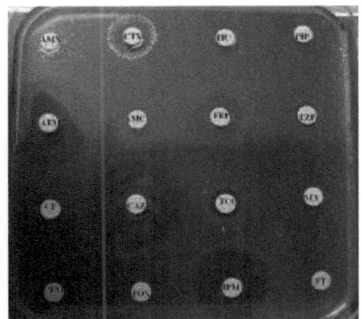

MH　　　　　　　　　　　　　MH + cloxacilline

Figure 3 : Antibiogramme de la souche 5 sur milieux MH et MH additionné de cloxacilline à 250 mg/l

TIC, ticarcilline; PIP, pipéracilline; IPM, imipénème; TZP, pipéracilline-tazobactam; CS, colistine; CAZ, ceftazidime; TCC, ticarcilline-acide clavulanique; FEP, céfépime; TM, tobramycine; AN, amikacine; ATM, aztréonam; CIP, ciprofloxacine; SXT, cotrimoxazole; FOS, fosfomycine; MNO, minocycline; RA, rifampicine; AMX, amoxicilline; CTX, céfotaxime; AMC, amoxicilline-acide clavulanique; CF, céfalotine; MA, céfamandole; CFM, céfixime; FOX, céfoxitine; FT, nitrofuranes

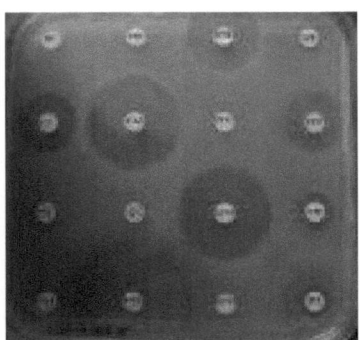 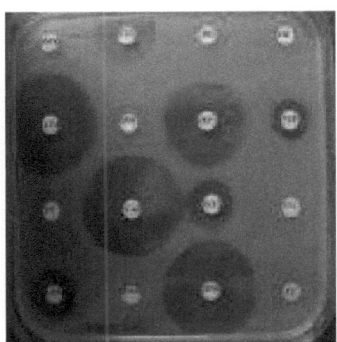

MH　　　　　　　　　　　　　MH + cloxacilline

Figure 4 : Antibiogramme de la souche 23 sur milieux MH et MH additionné de cloxacilline à 250 mg/l

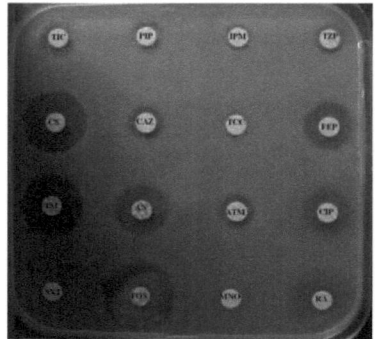 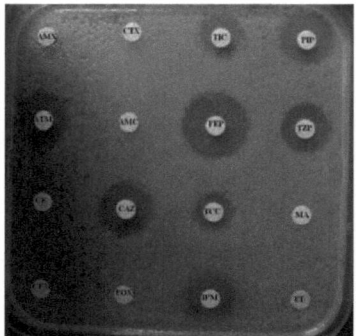

Figure 5 : Antibiogramme de la souche 6 sur milieux MH et MH additionné de cloxacilline à 250 mg/l

TIC, ticarcilline; PIP, pipéracilline; IPM, imipénème; TZP, pipéracilline-tazobactam; CS, colistine; CAZ, ceftazidime; TCC, ticarcilline-acide clavulanique; FEP, céfépime; TM, tobramycine; AN, amikacine; ATM, aztréonam; CIP, ciprofloxacine; SXT, cotrimoxazole; FOS, fosfomycine; MNO, minocycline; RA, rifampicine; AMX, amoxicilline; CTX, céfotaxime; AMC, amoxicilline-acide clavulanique; CF, céfalotine; MA, céfamandole; CFM, céfixime; FOX, céfoxitine; FT, nitrofuranes

Tableau 3 : Antibiogrammes sur MH seul et MH additionné de cloxacilline à 250 mg/l (pages 36 à 37)

Souche (Profil)	Milieu	TIC	TCC	PIP	TZP	CTX	CTX +clavu	CAZ	CAZ +clavu	FEP	FEP +clavu	ATM	IPM	TM	AN	CIP	FOS	Disques BLSE
1 (A)	MH	6	6	6	6	I	I	28,5(é)	I	16	I	25,5	20	6	6	6	37,5	positif
	MHC	6	6	6	6	6	6	S	I	I	I	S	I	S	S	S	S	
2 (A)	MH	6	11,5	6	11,5	16	18	31	31	21(é)	28	27	25	6	6	6	37	négatif
	MHC	6	6	6	6	I	I	27	I	15(é)	I	20	23	6	6	6	S	
3 (B)	MH	6	10	6	11,5	13	16,5	29	31	20,5	23,5	27	26	6	6	6	37	positif
	MHC	6	13	6	13	16,5	19	17	I	8	I	20	27	6	6	8	24	
4 (A)	MH	6	27	14	24	6	9	29(é)	29	15(é)	27	27(é)	36	6	6	6	29	positif
	MHC	6	6	6	6	I	I	–	I	8	I	–	S	I	I	I	S	
5 (C)	MH	6	17	6	12	11	14	32(é)	32	20(é)	30	27	26	6	6	6	40	positif
	MHC	6	9	6	6	I	I	31	32	16(é)	25	29	23	S	S	R	S	
6	MH	8	6	8	8	12,5	17	29(é)	I	13	I	25	10	6	6	6	I	positif
	MHC	6	9	6	6	6	6	10	I	16(é)	I	10	6	I	I	I	I	
7 (B)	MH	13	11	16	14	6	6	18	17,5	22	21,5	17	15,5	21	17	14	22	négatif
	MHC	6	12	6	–	I	I	–	I	8(é)	I	22(é)	31,5	6	6	6	27	
8	MHC	6	6	13	23	6	6	28	30,5	26	29	31	36	6	6	6	I	négatif
	MHC	6	8	8	6	I	I	6	6	6	I	12	20,5	12	I	18	40	
9 (B)	MH	8	11	8	10	I	6	10	12	16	18	17	28	I	I	I	I	négatif
	MHC	6	12	6	16	6	6	18	I	6	I	22	19,5	6	6	14	29	
10 (A)	MH	6	6	6	–	14	19	–	31	19,5	31	–	30	6	6	6	37	positif
	MHC	6	6	6	6	I	I	27,5(é)	I	18,5(é)	I	25,5	18,5	R	R	R	S	
11 (B)	MHC	6	12	10	14	12	16,5	30	31	13(é)	26	23	10	6	6	14	28	positif
	MHC	6	9	6	–	I	I	–	I	–	I	–	–	I	I	I	I	
12	MH	10	8	9	13	12	13	9	I	18	I	14	22	S	S	39	29	négatif
	MHC	18	–	17	25	6	6	28,5	26	R	28,5	24	R	R	R	R	R	
	MHC	18	17	18	18	6	6	19	20	25	R	30	R	I	I	I	I	

MHC : milieu de Mueller Hinton additionné de cloxacilline à 250 mg/l ; TIC, ticarcilline ; PIP, pipéracilline ; IPM, imipénème ; TZP, pipéracilline-tazobactam ; CAZ, ceftazidime ; TCC, ticarcilline-acide clavulanique ; FEP, céfépime ; TM, tobramycine ; AN, amikacine ; ATM, aztréonam ; CIP, ciprofloxacine ; FOS, fosfomycine ; CTX, céfotaxime ; clavu : acide clavulanique ; S : sensible ; I : intermédiaire ; R : résistant ; (é) : étirement

Souche (Profil)	Milieu	TIC	TCC	PIP	TZP	CTX	CTX+clavu	CAZ	CAZ+clavu	FEP	FEP+clavu	ATM	IPM	TM	AN	CIP	FOS	Disques BLSE
13	MH	6	6	6	6	–	–	6	9	10	–	6	24	6	6	10	24,5	négatif
	MHC	R	R	R	R	–	–	R	–	R	–	R	S	R	R	R	S	
14 (A)	MH	6	6	6	8	6	6	8	–	18	18	13	29	6	6	6	–	négatif
	MHC	R	R	R	R	–	–	R	–	R	–	S	S	R	R	R	–	
15 (A)	MH	6	11,5	6	6	–	–	23	–	14	30,5	30	26,5	6	6	6	37,5	positif
	MHC	R	–	R	R	–	–	S	–	R	–	S	S	R	R	R	S	
16 (A)	MH	6	10	6	6	10	–	24(é)	29	15	–	24	20	–	6	6	38	positif
	MHC	R	–	R	R	–	–	S	–	R	–	S	S	–	R	R	S	
17 (C)	MH	6	11	6	11	16	18	31	33	22	28	28	24	–	6	6	40	positif
	MHC	R	–	R	R	–	–	S	–	R	–	S	S	–	R	R	S	
18	MH	6	–	6	10	–	–	30,5	31	–	22	27	25	–	6	6	33	positif
	MHC	R	–	R	R	–	–	S	–	R	–	S	S	–	R	R	S	
19 (A)	MH	6	–	6	12	6	6	27(é)	–	19(é)	–	25	18	–	6	6	16	positif
	MHC	R	–	R	R	–	–	S	–	R	–	S	S	–	R	R	S	
20	MH	6	13	6	12	13	16	31	31	18(é)	24	28	26	–	14	6	28	positif
	MHC	R	–	R	R	–	–	S	–	R	–	S	S	–	R	R	S	
21 (B)	MH	6	9	6	6	6	6	15	–	9(é)	–	20	8	–	12	13	26,5	positif
	MHC	R	–	R	R	–	–	–	–	R	–	–	S	–	R	R	S	
22	MH	6	13	12	13	6	6	6	–	22	22	23	38	–	6	6	–	négatif
	MHC	R	–	R	R	–	–	R	–	R	–	S	S	–	R	R	–	
23	MH	8	8	6	16	10	10	26	29	22,5	30	12	25	19,5	17	14	25	négatif
	MHC	R	–	R	R	–	–	R	–	R	–	S	S	S	R	R	S	
24 (A)	MH	17	18	17	25	13,5	6	17	21	13	23	6	16	19,5	6	11	38,5	négatif
	MHC	R	–	R	R	–	–	R	–	R	–	R	S	S	R	R	S	

MHC : milieu de Mueller Hinton additionné de cloxacilline à 250 mg/l ; TIC, ticarcilline; PIP, pipéracilline; IPM, impénème; TZP, pipéracilline-tazobactam; CAZ, ceftazidime; TCC, ticarcilline-acide clavulanique; FEP, céfépime; TM, tobramycine; AN, amikacine; ATM, aztréonam; CIP, ciprofloxacine; FOS, fosfomycine; CTX, céfotaxime; clavu : acide clavulanique ; S : sensible ; I : intermédiaire ; R: résistant ; (é) : élargement

Tableau 4 : CMI en g/l sur MH seul et sur MH avec cloxacilline à 500mg/l + acide clavulanique à 2 mg/l

Souches	CAZ (MH)	CAZ (MH+cloxa+clavu)	FEP (MH)	FEP (MH+cloxa+clavu)	ATM (MH)	ATM (MH+cloxa+clavu)	IPM (MH)	IPM (MH−cloxa+clavu)
1	6	3	128	12	6	4	8	1.5
2	6	1.5	256	16	8	1.5	3	0.25
3	48	12	>256	64	–	–	2	0.5
4	6	3	>256	48	8	3	4	0.5
5	6	3	256	16	4	3	16	1
6	>256	12	128	6	96	12	>32	24
7	48	12	>256	192	12	8	1.5	0.38
8	>256	8	>256	4	96	1.5	12	0.75
9	32	6	>256	48	12	4	32	1
10	6	4	96	24	8	3	4	0.5
11	32	3	>256	24	–	–	32	0.5
12	>256	16	>256	6	128	6	4	0.38
13	>256	48	>256	16	>256	32	6	0.75
14	6	1.5	48	8	–	–	2	0.25
15	8	6	128	48	–	–	>32	1
16	4	3	64	16	4	3	24	1
17	4	2	64	12	4	3	>32	1
18	>256	16	>256	6	–	–	>32	1
19	6	3	192	16	–	–	4	0.5
20	>256	24	>256	32	64	16	3	1
21	48	6	>256	64	16	4	>32	2
22	>256	6	256	6	48	3	>32	8
23	4	2	48	8	4	2	4	0.5
24	6	4	64	24	–	–	2	0.5

CAZ : ceftazidime ; FEP : céfépime ; ATM : aztréonam ; IPM : imipénème
cloxa : cloxacilline à 500 mg/l
clavu : acide clavulanique à 2 mg/l

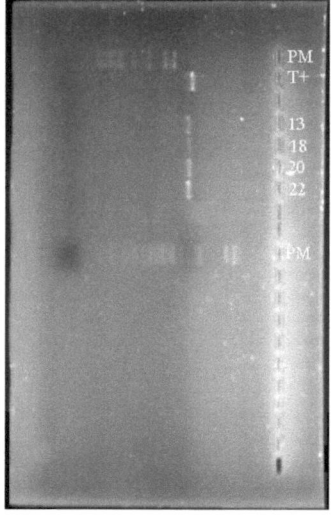

PM=Step Ladder, 50 bp; T+ : témoin positif   PM=pBR322 DNA-MspI Digest
Les numéros des souches figurent en blanc sur le gel.

Figure 6 : Gel de migration des produits d'amplification obtenus par PCR à la recherche des β-lactamases du groupe CTXM-1

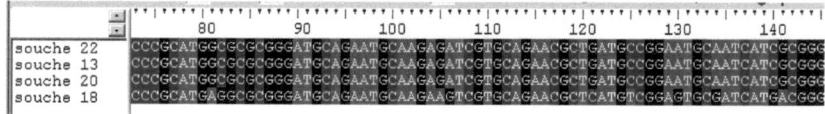

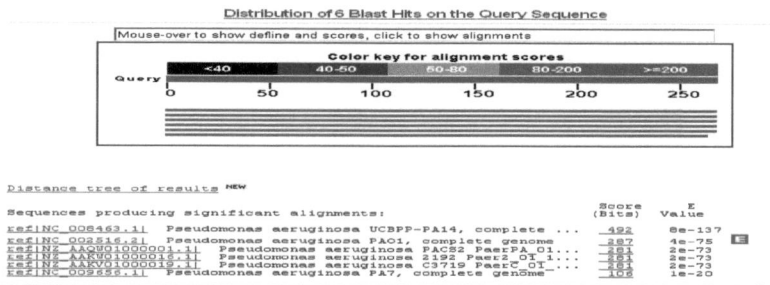

Figure 7 : Séquence nucléotidique des fragments d'amplification obtenus par PCR à la recherche des β-lactamases du groupe CTXM-1 pour les souches 13, 18, 20 et 22

Les réactions avec les amorces bla_{CTXM-2} et bla_{CTXM-9} ont été également négatives, tout comme les PCR à la recherche des enzymes VEB-1 et PER-1.

Enfin, les réactions recherchant des oxacillinases à l'aide des amorces des gènes bla_{OXA-1}, bla_{OXA-2}, bla_{OXA-10} et bla_{OXA-18} sont toutes négatives.

Par conséquent, à l'issue de ces différentes réactions d'amplification génique, nous avons conclu à l'absence d'acquisition d'enzymes de résistance de types CTXM-1, CTXM-2, CTXM-9, VEB-1, PER-1, oxacillinases des groupes 1, 2, 10 et OXA-18 chez les 24 souches.

Contrairement aux réactions précédentes, les réactions de PCR à la recherche des gènes bla_{TEM} ont permis d'amplifier un fragment génomique d'environ 850 pb pour l'ensemble des 24 souches (figure 8).

De la même façon, la PCR utilisant les amorces des gènes bla_{SHV} a permis d'amplifier un fragment génomique d'environ 850 pb pour 5 souches (figure 10).

Par conséquent, nous avons conclu à l'existence de gènes de β-lactamase :
- de type TEM pour les 24 souches,
- de type SHV pour 5 souches (souches 3, 7, 9, 11, 21).

Pour déterminer les types d'enzymes TEM et SHV impliquées et notamment savoir s'il s'agissait de pénicillinases à spectre étroit ou étendu, nous avons effectué le séquençage en double sens des amplicons obtenus par les PCR. L'alignement des séquences nucléotidiques des amplicons des 24 souches obtenus en PCR TEM a montré, d'une part leur identité parfaite et d'autre part, leur homologie complète avec la séquence $bla_{TEM-116}$ (figure 9). La BLSE TEM-116 dérive de TEM-1 par deux mutations ponctuelles lui conférant une extension de son spectre de résistance aux β-lactamines : isoleucine (ATT) à la place de valine (GTT) en position 84 et valine (GTA) à la place d'alanine (GCA) en 184 (GenBank nucleotide sequence database AY425988) (38).

Enfin, l'alignement des séquences nucléotidiques des amplicons des 5 souches obtenus en PCR SHV a révélé leur identité parfaite et 100% d'homologie avec la séquence bla_{SHV-2a} (figure 11). Cette enzyme dérive de SHV-2 par une mutation ponctuelle : glutamine à la place de leucine en position 35 (GenBank nucleotide sequence database AF074950) (59).

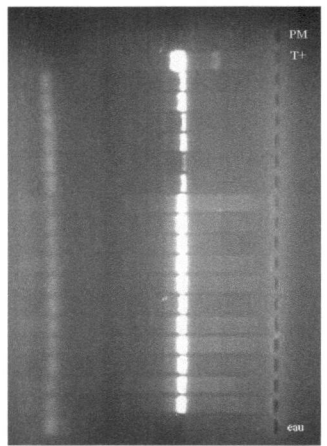
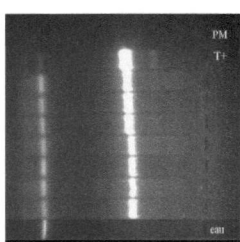

PM=Step Ladder, 50 bp; T+ : témoin positif

Figure 8 : Gel de migration des produits d'amplification obtenus par PCR à la recherche des β-lactamases du groupe TEM

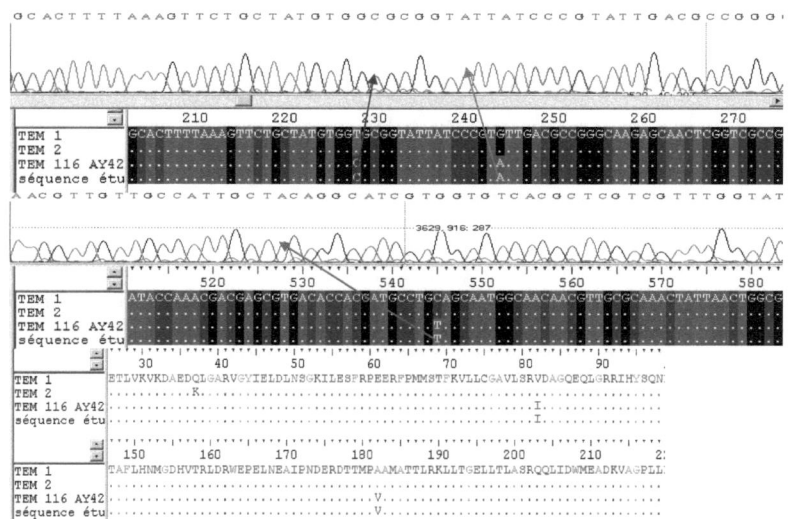

Figure 9 : Séquences nucléotidique et protéique correspondante des fragments d'amplification obtenus par PCR à la recherche des β-lactamases du groupe TEM

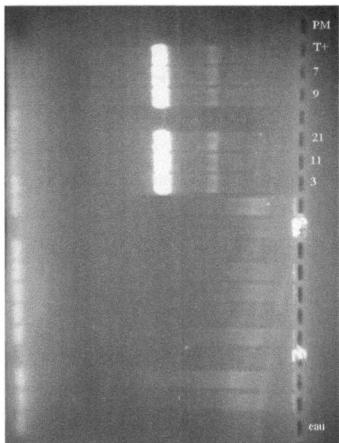

PM=Step Ladder, 50 bp; T+ : témoin positif. Les numéros des souches figurent en blanc sur le gel.

Figure 10 : Gel de migration des produits d'amplification obtenus par PCR à la recherche des β-lactamases du groupe SHV

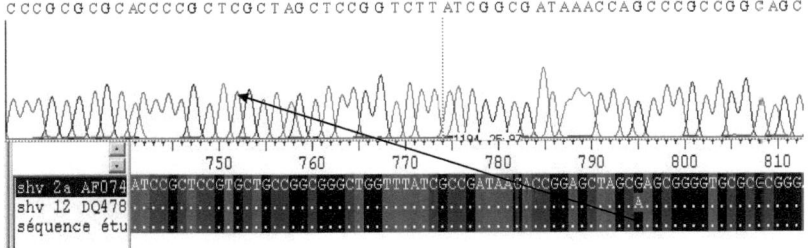

Figure 11 : Séquence nucléotidique des fragments d'amplification obtenus par PCR à la recherche des β-lactamases du groupe SHV

B. Analyse et comparaison des profils génétiques

Les profils génétiques des 24 souches de *P. aeruginosa* étudiées ont été comparés après avoir réalisé des réactions de RAPD utilisant 3 types d'amorces différents. Or, il a été montré que coupler les techniques de RAPD utilisant les amorces ERIC-2 et 208 pour typer les souches de *P. aeruginosa* est aussi discriminant qu'utiliser la technique de référence par électrophorèse en champ pulsé (52, 80). Dans cette étude, outre les amorces ERIC-2 et 208, nous avons également effectué des réactions de PCR avec les amorces REP, pour conforter nos résultats.

L'analyse des profils de bandes a d'abord été menée indépendamment pour chacun des 3 types d'amorces avant de recouper les résultats (figures 12, 13 et 14). Nous avons retenu comme identiques les souches présentant les mêmes profils de bandes, et ce par les 3 techniques de RAPD. Les conclusions ont été les suivantes :

- Il existe 3 groupes de souches ayant un profil génomique identique :
  - groupe A : souches 1, 2, 4, 10, 14, 15, 19, 24
  - groupe B : souches 3, 7, 9, 11,21
  - groupe C : souches 5, 16,17.
- Les 8 autres souches ont des profils génomiques différents de ces trois groupes et différents entre eux.

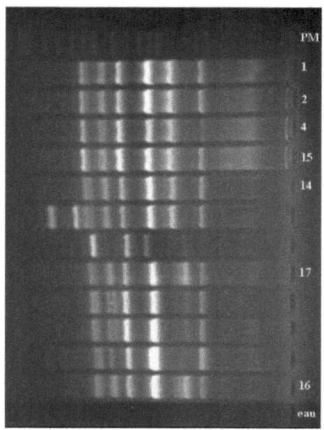 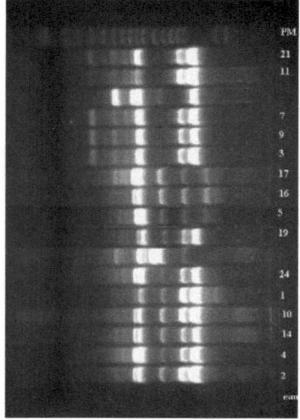

PM=Step Ladder, 50 bp. Les numéros des souches figurent en blanc sur le gel.

Figure 12 : Typage par ERIC-PCR des 24 souches de *P.aeruginosa*

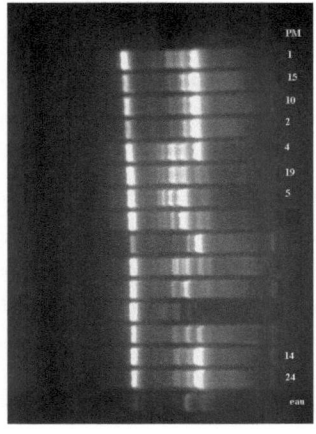
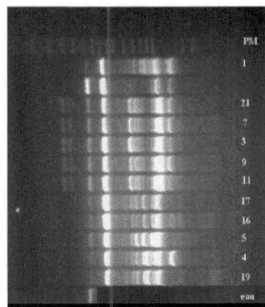

PM=Step Ladder, 50 bp. Les numéros des souches figurent en blanc sur le gel.

Figure 13 : Typage par RAPD avec l'amorce 208 des 24 souches de *P.aeruginosa*

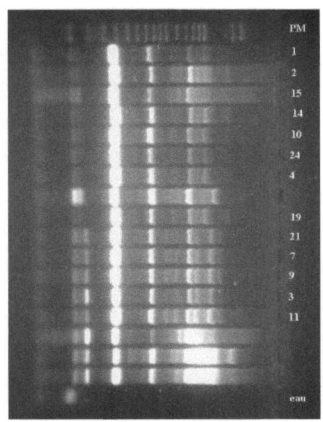
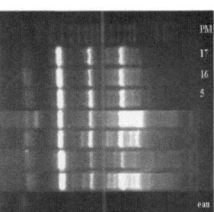

PM=Step Ladder, 50 bp. Les numéros des souches figurent en blanc sur le gel.

Figure 14 : Typage par REP-PCR des 24 souches de *P.aeruginosa*

C. Recherche du support génétique de la résistance

Nous avons cherché à identifier pour les souches de *P. aeruginosa* des groupes A, B et C définis après analyse des profils génétiques, le support génétique des BLSE mises en évidence par PCR et séquençage.

Pour les souches du groupe B produisant TEM-116 et SHV-2a, des PCR combinant les amorces TEM (OT-3 et OT-4) et SHV (OS-5 et OS-6) ont été réalisées afin de déterminer si ces gènes de β-lactamases étaient voisins sur un même support génétique. Aucun fragment d'amplification n'a pu être mis en évidence en combinant OT-3 OS-6 d'une part, et OS-5 OT-4 d'autre part (figure 19). Les gènes TEM et SHV sont donc, soit portés par des éléments génétiques différents, soit trop éloignés pour pouvoir amplifier un fragment complet.

1. Support plasmidique

Des essais de transfert de résistance dans *E. coli* J53-2 résistant à haut niveau à la rifampicine et à la fosfomycine par conjugaison en milieu liquide et solide ont été tentés, en utilisant un représentant de chacun des groupes A (souche 1), B (souche 7) et C (souche 17). Aucun transfert de résistance n'a pu être mis en évidence dans *E. coli* J53-2, en utilisant comme milieu de sélection aussi bien la ticarcilline associée à la rifampicine qu'à la fosfomycine. Des expériences d'extraction plasmidique utilisant les représentants de chacun des groupes A, B et C ont été effectuées par 2 techniques différentes : nous avons obtenu de très faibles quantités de plasmide pour les 3 souches dans ces 2 techniques dont la taille estimée d'après un témoin positif est d'au moins 23 kb (première bande du PM) (figure 15).

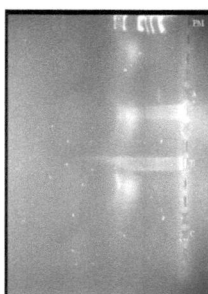 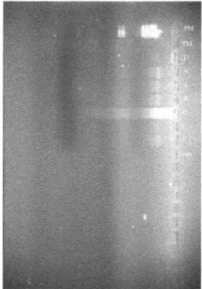

QiaGen   PM=λDNA-HindIII Digest. Les groupes de souches figurent en blanc sur le gel.   **Birnboim**

Figure 15 : Gel de migration des fragments d'ADN obtenus par extraction plasmidique selon les techniques de QiaGen et Birnboim pour les souches des groupes A, B et C

Nous avons alors réalisé des PCR TEM et SHV sur les extraits d'ADN plasmidique obtenus :

- par la technique QiaGen (figure 16),
    - o Avec les amorces de la PCR TEM, nous avons obtenu des fragments d'amplification d'environ 850 pb avec les représentants des groupes B et C, mais pas avec le représentant du groupe A.
    - o Avec les amorces de la PCR SHV, nous avons obtenu un fragment d'amplification d'environ 850 pb avec le représentant du groupe B. Les groupes A et C n'ont pas été testés car ces souches ne portent pas le gène SHV.
    - o Nous avons également réalisé une PCR avec les amorces AmpC (détection de la céphalosporinase naturelle) et des fragments d'amplification ont été obtenus avec les représentants des 3 groupes, ce qui indique une possible contamination de l'extrait plasmidique par de l'ADN génomique.

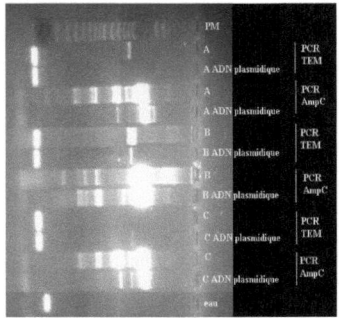
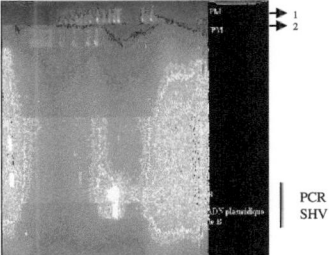

PM=Step Ladder, 50 bp ; T+ : témoin positif. Les groupes de souches figurent en blanc sur le gel. PM 1= Step Ladder, 50 bp ; PM 2=pBR322 DNA-MspI Digest

Figure 16 : Gels de migration des produits d'amplification obtenus par PCR à la recherche des β-lactamases TEM, SHV et AmpC effectuées sur les extraits d'ADN plasmidique obtenus par la technique de QiaGen pour les souches des groupes A, B, C

- par la technique dérivée de Birnboim (11) par lyse alcaline (figure 17) :
    - Avec les amorces de la PCR TEM, nous avons obtenu des fragments d'amplification d'environ 850 pb avec les représentants des 3 groupes.
    - Avec les amorces de la PCR SHV, nous avons obtenu un fragment d'amplification d'environ 850 pb avec le représentant du groupe B. Aucun fragment d'amplification n'a été obtenu avec les représentants des groupes A et C.

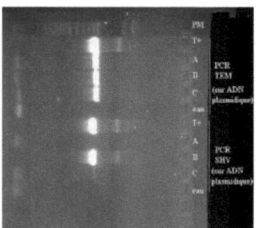

PM=Step Ladder, 50 bp ; T+ : témoin positif. Les groupes de souches figurent en blanc sur le gel.

Figure 17 : Gel de migration des produits d'amplification obtenus par PCR à la recherche des β-lactamases TEM et SHV effectuées sur les extraits d'ADN plasmidique obtenus par la technique de Birnboim pour les souches des groupes A, B et C

2. Support de type intégron

Les BLSE isolées chez *P. aeruginosa* sont fréquemment retrouvées dans des structures de type intégron. Nous avons donc recherché la présence de ces structures au sein de l'ADN des représentants des groupes A, B et C et des 8 autres souches de *P. aeruginosa* étudiées, et ce à l'aide d'amorces situées aux extrémités conservées 5'CS et 3'CS des intégrons de type 1.

Nous avons obtenu des fragments d'amplification de taille comprise entre 600 et 1500 pb pour les représentants des groupes A, B, C et pour 4 autres souches (figure 18). Pour ces souches, des PCR combinant les amorces 5'CS ou 3'CS et les amorces des PCR TEM (OT-3 et OT-4) d'une part et SHV (OS-5 et OS-6) d'autre part ont été réalisées afin de déterminer si les gènes de ces β-lactamases sont situés au sein de ces intégrons (figure 19).

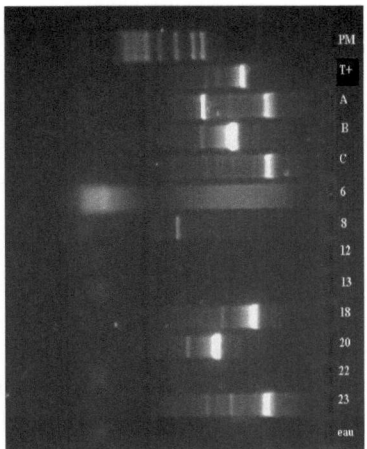

PM=pBR322 DNA-MspI Digest; T+ : témoin positif. Les groupes et numéros des souches figurent en blanc sur le gel.

Figure 18 : Gel de migration des produits d'amplification obtenus par PCR 5'CS-3'CS à la recherche d'intégrons

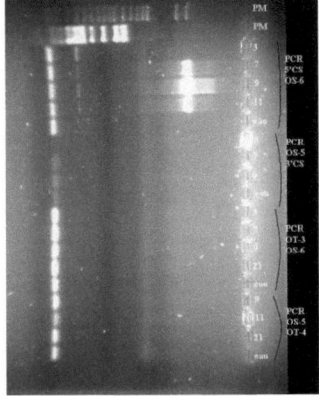

PM=Step Ladder, 50 bp. Les numéros des souches figurent en blanc sur le gel.

Figure 19 : Gel de migration des produits d'amplification obtenus par PCR recombinant les amorces 5'CS-3'CS et SHV et PCR recombinant les amorces TEM et SHV

Des fragments d'amplification d'environ 3000 pb ont été obtenus pour la PCR combinant l'amorce 5'CS et l'amorce OS-6 (SHV) et aucun avec les amorces TEM.

III. Analyse épidémiologique des isolats de *P.aeruginosa*

Le travail effectué a été mené sur 24 souches de *P. aeruginosa* isolées entre août 2004 et décembre 2006 chez des patients hospitalisés dans différents services cliniques du CHU de Rouen pour 22 souches, du Centre Hospitalier Général (CHG) d'Elbeuf pour une souche (souche 9) et d'un laboratoire d'analyses médicales de ville pour une dernière souche (n°6).

Le tableau 5 résume les caractéristiques de ces souches : elles sont issues essentiellement d'urines (15/24 soit 62.5%) dont 73% (11/15) sont prélevées sur sonde. Les autres souches proviennent d'hémocultures, de prélèvements respiratoires, de prélèvements cutanés, ou d'écouvillons rectaux. Il faut noter que ces souches ont été majoritairement isolées dans les services d'urologie et de néphrologie (9/24 soit 37.5%) et dans des secteurs de réanimation (6/24 soit 25%). Elles ont concerné des adultes de 39 à 94 ans, majoritairement des personnes âgées : 58% des patients (14/24) ont au moins 70 ans. La grande majorité des souches étudiées a été isolée en 2006 (20/24 soit 83%) dont 70% (14/20) au cours du second semestre 2006.

Le tableau 6 réunit des informations concernant le(s) service(s) du CHU de Rouen dans lequel le malade a séjourné durant son(ses) hospitalisation(s) entre juin 2004 et décembre 2006. Il permet en outre d'identifier pour chaque patient la date à laquelle une souche de *P. aeruginosa* multirésistante a été retrouvée pour la première fois, et la date à laquelle la souche de *P. aeruginosa* utilisée au cours de ce travail a été isolée. Dans la mesure du possible, pour un malade donné, nous avons étudié la première souche de *P. aeruginosa* ayant un nouveau phénotype de résistance aux β-lactamines isolée. Dans certains cas, cette souche n'avait pas été gardée.

De plus, nous avons étudié les dossiers cliniques des 24 patients porteurs des souches de *P. aeruginosa* étudiées, en nous intéressant tout particulièrement aux éventuelles antibiothérapies reçues dans les six mois précédents la découverte de la souche, ainsi qu'aux antécédents d'actes invasifs et à l'évolution sous traitement.

Tableau 5 : Dates, prélèvements et services d'isolement des 24 souches de *P. aeruginosa*

NUMERO DE SOUCHE	1	2	3	4
DATE DE PRELEVEMENT	29/09/2006	10/08/2006	19/12/2006	05/12/2006
NUMERO DE PRELEVEMENT	0609.8254	0608.2287	0612.5337	06HC.765
NATURE DU PRELEVEMENT	urine	urine	urine	hémoculture
SERVICE	URO LECAT	URO LECAT	ANGIO	URO LECAT

NUMERO DE SOUCHE	5	6		7
DATE DE PRELEVEMENT	05/12/2006	31/01/2006		27/12/2005
NUMERO DE PRELEVEMENT	0612.1426	0602.690		0512 7189
NATURE DU PRELEVEMENT	CHI	scarpa		urine
SERVICE	REAM U80	LABORATOIRE BARENTIN		INF U91

NUMERO DE SOUCHE	8	9	10	11
DATE DE PRELEVEMENT	23/04/2006	14/02/2006	30/08/2006	16/05/2006
NUMERO DE PRELEVEMENT	0604.4855		0608.6905	0605.4240
NATURE DU PRELEVEMENT	crachat	fistule PTH	urine	urine
SERVICE	PNEUMO 2	CHG Elbeuf	URO COUV.	GASTRO

NUMERO DE SOUCHE	12	13	14	15
DATE DE PRELEVEMENT	18/10/2006	10/08/2004	11/10/2006	13/07/2006
NUMERO DE PRELEVEMENT	0610.4904	0408.2074	0610.3058	0607.3413
NATURE DU PRELEVEMENT	éc. rectal	urine	urine	urine
SERVICE	CRF HERB	REAM U80	NEPHRO	URO COUV.

NUMERO DE SOUCHE	16		17	18
DATE DE PRELEVEMENT	06/10/2006		27/05/2006	21/11/2004
NUMERO DE PRELEVEMENT	0610.1568		06H5.4409	0411.5502
NATURE DU PRELEVEMENT	urine		hémoculture	urine
SERVICE	CGCD LOYGUE		REAM U81	JLSE FLEURY

NUMERO DE SOUCHE	19	20	21	
DATE DE PRELEVEMENT	06/12/2006	05/11/2005	18/05/2006	
NUMERO DE PRELEVEMENT	0612.1727	0511.1149	0605.4666	
NATURE DU PRELEVEMENT	urine	urine	PBDP	
SERVICE	URO COUV.	JMEA	REAM U80	

NUMERO DE SOUCHE	22	23		24
DATE DE PRELEVEMENT	19/09/2006	39015		19/08/2006
NUMERO DE PRELEVEMENT	0609.4942	0610.7072		0608.4348
NATURE DU PRELEVEMENT	éc. rectal	urine		urine
SERVICE	REAC U71	NEPHRO		NEPHRO

CHI chambre implantable, PTH prothèse totale de hanche, éc. écouvillon, PBDP ponction biopsique distale protégée, INF U91 maladies infectieuses unité 91, ANGIO angiologie, REAM U80 réanimation médicale unité 80, URO LECAT urologie unité Lecat, PNEUMO 2 pneumologie 2ème étage, URO COUV. Urologie unité Couvelaire, GASTRO hépato-gastroentérologie, REAC U71 réanimation chirurgicale unité 71, NEPHRO néphrologie, CGCD LOYGUE chirurgie générale et digestive unité Loygue, REAM U81 réanimation médicale unité 81, JLSE FLEURY Saint-Julien Long séjour Fleury, JMEA Saint-Julien médecine A, CRF HERB Centre de Rééducation Fonctionnelle Les Herbiers

Tableau 6 : Historique des hospitalisations des 24 patients de juin 2004 à décembre 2006 (pages 51 à 53)

Souches	juin-04	juil-04	août-04	sept-04	oct-04	nov-04	déc-04
1							
2							
3							
4							
5						5124	
6							
7							
8						5210	
9							
10							
11							
12							
13	6242	6283,5715	(5715),5712	5715			
14							
15							
16							
17							
18					7182	7182	7182
19				7182			
20							
21							
22							
23	5561						
24							

▓ Première souche de *P. aeruginosa* multirésistant isolée chez le patient
▓ Souche de *P. aeruginosa* étudiée
▓ Souche de *P. aeruginosa*, résistances non testées

5105 médecine interne 3B, 5121 médecine interne UHPD, 5124 angiologie, 5131 médecine interne ID, 5201 Saint Julien médecine A, 5210 Saint Julien médecine B, 5501 gastro-entérologie, 5505 hémorragies digestives, 5523 cardiologie Laubry, 5532 soins intensifs cardiologie, 5542 maladies infectieuses U90, 5543 maladies infectieuses U91, 5545 maladies infectieuses hôpital de jour, 5561 néphrologie hôpital de semaine, 5562 néphrologie, 5595 pneumologie 1, 5632 pneumologie 2, 5634 pneumologie 4, 5635 pneumologie 2 CN, 5654 neurologie U52, 5656 urgences neurologiques, 5701 urgences médicales, 5712 réanimation médicale U80, 5713 réanimation médicale U81, 5715 réanimation médicale sevrage, 5802 urgences chirurgicales, 6104 chirurgie vasculaire, 6113 orthopédie U31, 6161 gynécologie 1, 6162 gynécologie 2, 6212 urologie Couvelaire, 6213 urologie Lecat, 6241 chirurgie cardiaque, 6242 réanimation chirurgicale cardiaque, 6282 réanimation chirurgicale U70, 6283 réanimation chirurgicale U71, 6285 réanimation chirurgicale U75, 6310 chirurgie digestive Loygue, 6450 chirurgie Saint-Julien, 7126 moyen séjour Micaud, 7137 cure moyen séjour, 7182: Saint Julien Fleury2, 8260 néphrologie consultation, 8390 consultation infectieux, 8735 consultation chirurgie cardiaque, 8750 obstétrique, Becq Centre Henri Becquerel, CRF Centre de Réadaptation, labo Laboratoire d'Analyses Médicales

Souches	janv-05	févr-05	mars-05	avr-05	mai-05	juin-05	juil-05	août-05	sept-05	oct-05	nov-05	déc-05
1												
2												
3	5105	5121										
4												
5												
6						6242,6241		8735				
7						5105						
8	5505,5201	5201	5201							6104	5712,5543	6104
9											55 43	5595,5701
10												
11												
12												
13												
14												
15					5701,6213	6213	6213			6213		
16												
17												
18	7182											
19												
20	5656			6450		6213			5532,5802	5201		5201
21												
22												
23	8260				8260	5561						
24												

Première souche de *P. aeruginosa* multirésistant isolée chez le patient
Souche de *P. aeruginosa* étudiée
Souche de *P. aeruginosa*, résistances non testées

5105 médecine interne 3B, 5121 médecine interne UHPD, 5124 angiologie, 5131 médecine interne 1D, 5201 Saint Julien médecine A, 5210 Saint Julien médecineB, 5501 gastro-entérologie, 5505 hémorragies digestives, 5523 cardiologie Laubry, 5532 soins intensifs cardiologie, 5542 maladies infectieuses U90, 5543 maladies infectieuses U91, 5545 maladies infectieuses hôpital de jour, 5561 néphrologie hôpital de semaine, 5562 néphrologie, 5595 pneumologie 1, 5632 pneumologie 2, 5634 pneumologie 4, 5635 pneumologie 2 CN, 5654 urgences neurologiques U52, 5656 urgences neurologiques U91, 5701 urgences, 5712 réanimation médicale U80, 5713 réanimation médicale U81 médicales, 5715 réanimation médicale sevrage, 5802 urgences chirurgicales, 6104 chirurgie vasculaire, 6113 orthopédie U31, 6161 gynécologie 1, 6162 gynécologie 2, 6212 urologie Couvelaire, 6213 urologie Lecat, 6241 chirurgie cardiaque, 6242 réanimation chirurgicale cardiaque, 6282 réanimation chirurgicale U70, 6283 réanimation chirurgicale U71, 6285 réanimation chirurgicale U75, 6310 chirurgie digestive Loygue, 6450 chirurgie Saint-Julien,7126 moyen séjour Micaud, 7137 euro moyen séjour, 7182: Saint Julien Fleury2, 8260 néphrologie consultation, 8390 consultation chirurgie infectieux, 8735 consultation chirurgie cardiaque, 8750 obstétrique, Becq Centre Henri Becquerel, CRF Centre de Réadaptation, labo Laboratoire d'Analyses Médicales

Souches	janv-06	févr-06	mars-06	avr-06	mai-06	juin-06	juil-06	août-06	sept-06	oct-06	nov-06	déc-06
1												
2												
3			5131	5124	5124	6213	6213	6213	6212	6213	6213	6213
4	5802	6212	5131	6213	6213	5701,5124	6213	5124,6213	5124,6282,6285	6282	5124	5124
5		6104									6213	6213
6	labo Barentin							Becq	Becq	Becq		5712
7	5543	7126		5701,5543			8390	5545		6242,6241		
8	5701,5131	CHG E'bœuf	5635	(6635),5632	5632,5634,5635	5635						
9												
10								6213,5532	6212,5523			
11				5501	5501							
12					5532							
13								5712	6242,5715	5542,8750	CRF	
14				6212				6282,6213,5562		8260,5562	5562,8260,5561,6213	
15		5501,5701,5501	5501	6213	6213		6212		6310	6310,Becq		
16			5656		Becq,5713	Becq						
17			6162			6161	6213,6161	6161				6212
18												
19				5656,5712	5712	5712,5715	5715	5715	5715	5715,7137,5201,5562	7137,5802	
20						6283	6283	6283	6283,5501			
21												
22								5562,5701	5562	8260	5501	5501
23	6113,5656,5654	5562,8260	5562	Becq	Becq,Becq,5561		5562					
24			6213									

■ Première souche de *P. aeruginosa* multirésistant isolée chez le patient
▨ Souche de *P. aeruginosa* étudiée
□ Souche de *P. aeruginosa*, résistances non testées

5105 médecine interne 3B, 5121 médecine interne UHPD, 5124 angiologie, 5131 médecine interne 1D, 5201 Saint Julien médecine A, 5210 Saint Julien médecineB, 5501 gastro-entérologie, 5505 hémorragies digestives, 5523 cardiologie Laubry, 5532 soins intensifs cardiologie, 5542 maladies infectieuses U90, 5543 maladies infectieuses U91, 5545 maladies infectieuses hôpital de jour, 5561 néphrologie hôpital de semaine, 5562 néphrologie, 5595 pneumologie 1, 5632 pneumologie 2, 5634 pneumologie 4, 5635 pneumologie 2 CN, 5654 neurologie U52, 5656 urgences neurologiques, 5701 urgences, 5712 réanimation médicale U80, 5713 réanimation médicale U81 médicales, 5715 réanimation médicale sevrage, 5802 urgences chirurgicales, 6104 chirurgie vasculaire, 6113 orthopédie U31, 6161 gynécologie 1, 6162 gynécologie 2, 6212 urologie Couvelaire, 6213 urologie Locat, 6241 chirurgie cardiaque, 6242 réanimation chirurgicale cardiaque, 6282 réanimation chirurgicale U70, 6283 réanimation chirurgicale U71, 6285 réanimation chirurgicale U75, 6310 chirurgie digestive Loygue, 6450 chirurgie Saint-Julien,7126 moyen séjour Micaud, 7137 cure moyen séjour, 7182: Saint Julien Fleury2, 8260 néphrologie consultation, 8390 consultation infectieux, 8735 consultation chirurgie cardiaque, 8750 obstétrique, Becq Centre Henri Becquerel, CRF Centre de Réadaptation, labo Laboratoire d'Analyses Médicales

A. Patients porteurs des souches de *P. aeruginosa* du groupe A

- Souche 1 : Monsieur A., 54 ans
    - Type de prélèvement : urine le 09/09/2006, urine le 29/09/2006 (souche étudiée)
    - Matériel : sonde à demeure
    - Antécédents
      Juillet 2006 : cystoprostatectomie pour néoplasie de la vessie traitée par entérocystoplastie de type Studer compliquée par une fistule vésico-cutanée
    - Antibiothérapie récente : non
    - Signes cliniques : non
    - Traitement : non
    - Evolution : disparition spontanée de la bactériurie à *P. aeruginosa* multirésistant

- Souche 2 : Monsieur B., 67 ans
    - Type de prélèvement : urine le 06/07/2006, urine le 10/08/2006 (souche étudiée)
    - Matériel : sonde de néphrostomie
    - Antécédents
      -Novembre 2005 : cystectomie pour tumeur vésicale compliquée d'une sténose de l'anastomose urétéro-iléale bilatérale
      -Juin 2006 : insuffisance rénale aigue et dilatation des cavités pyélo-calicielles nécessitant une néphrostomie, ECBU à *Streptococcus agalactiae*
    - Antibiothérapie récente : oui
      -ceftriaxone 5 jours du 17/06/2006 au 22/06/2006 + amikacine 1 jour le 17/06/2006
      -amoxicilline 13 jours du 21/06/2006 au 02/07/2006
    - Signes cliniques : oui
      06/07/2006 : fièvre à 40°C, hématurie
    - Traitement : oui
      ceftazidime 15 jours du 08/07/2006 au 23/07/2006 + amikacine 2 jours du 08/07/2006 au 09/07/2006

- o Evolution
  -10/08/2006 : récidive d'infection urinaire à *P. aeruginosa* multirésistant, traitée par ceftriaxone 7 jours puis ceftazidime 8 jours + amikacine 3 jours
  -04/09/2006 : récidive d'infection urinaire et sepsis à *P. aeruginosa* multirésistant, traités par imipénème + fosfomycine 8 jours puis ceftazidime 12 jours, d'évolution favorable
  -13/09/2006 : ECBU négatif

- Souche 4 : Madame C., 70 ans
  - o Type de prélèvement : hémoculture le 05/12/2006
  - o Matériel : sonde de néphrostomie
  - o Antécédents
    -1994 : urétérostomie cutanée trans-jéjunale du fait d'une vessie radique après irradiation post-chirurgicale d'un carcinome utérin
    -02/02/2006 : ECBU à *P. aeruginosa* à hyperexpression de céphalosporinase
  - o Antibiothérapie récente : oui
    -ceftriaxone 2 jours du 02/02/2006 au 03/02/2006
    -ceftazidime + amikacine le 04/02/2006
    -imipénème + amikacine 5 jours du 05/02/2006 au 09/02/2006
    -amoxicilline + ciprofloxacine 11 jours du 10/02/2006 au 20/02/2006
  - o Signes cliniques : oui
    Sepsis et décès le 06/12/2006

- Souche 10 : Monsieur D., 71 ans
  - o Type de prélèvement : urine le 24/08/2006, urine le 30/08/2006 (souche étudiée)
  - o Matériel : non? (la pose d'un cathéter sus-pubien serait postérieure au syndrôme infectieux urinaire)
  - o Antécédents
    Début août 2006 : résection trans-urétrale d'adénome prostatique
  - o Antibiothérapie récente : oui
    ciprofloxacine 2 jours du 07/08/2006 au 08/08/2006
  - o Signes cliniques : oui
    Syndrôme infectieux urinaire

- o Traitement : oui
  -amoxicilline-acide clavulanique + ofloxacine + fosfomycine 2 jours du 29/08/2006 au 30/08/2006
  -ceftazidime 15 jours du 30/08/2006 au 14/09/2006 + fosfomycine 7 jours du 30/08/2006 au 05/09/2006
- o Evolution
  A 3 mois : bactériurie asymptomatique non traitée

- Souche 14 : Madame G., 55 ans
    - o Type de prélèvement : urine le 06/10/2006
    - o Matériel : non?
    - o Antécédents
      -07/09/2006 : transplantation rénale pour insuffisance rénale terminale sur polykystose hépato-rénale
      -08/09/2006 : ECBU à *E. coli* de phénotype sauvage et *Enterococcus spp.* sensible à l'amoxicilline
      -21/09/2006 : fièvre et brûlures mictionnelles, ECBU négatif
      -05/10/2006 : retrait de la sonde JJ
    - o Antibiothérapie récente : oui
      -amoxicilline-acide clavulanique 5 jours du 08/09/2006 au 12/09/2006
      -amoxicilline 8 jours du 13/09/2006 au 20/09/2006
      -pipéracilline-tazobactam + vancomycine + amikacine 7 jours du 21/09/2006 au 27/09/2006
      -amoxicilline 3 jours du 27/09/2006 au 29/09/2006
    - o Signes cliniques : oui
      Brûlures mictionnelles et douleurs lombaires
    - o Traitement: oui
      Ceftazidime 16 jours du 11/10/2006 au 26/10/2006 + colistine 4 jours du 11/10/2006 au 14/10/2006
    - o Evolution
      -26/10/2006: ECBU négatif
      -multiples récidives de bactériuries à *P. aeruginosa* multirésistant, symptômatiques ou non, systématiquement traitées par:
        - fosfomycine + imipénème 15 jours

- puis fosfomycine + méropénème 26 jours
- puis fosfomycine + méropénème 6 semaines à 2 reprises
- puis, devant la découverte d'un abcès du greffon, fosfomycine + méropénème 3 mois jusqu'au 10/07/2007

-pas de récidive de bactériurie à *P. aeruginosa* multirésistant

- Souche 15 : Monsieur H., 71 ans
  - Type de prélèvement : urine le 13/07/2006
  - Matériel : non
  - Antécédents

  Avril 2006 : cystoprostatectomie pour carcinome de vessie avec dérivation urinaire de type Bricker, compliquée à J12 d'un abcès du Douglas à *Staphylococcus aureus* résistant à la méticilline (SARM)
  - Antibiothérapie récente : oui

  pipéracilline-tazobactam + vancomycine 14 jours du 02/05/2006 au 17/05/2006 + amikacine 5 jours du 02/05/2006 au 06/05/2006
  - Signes cliniques : oui

  12/07/2006 : syndrôme infectieux urinaire sur obstruction du Bricker
  - Traitement : oui

  -ceftriaxone + ofloxacine 3 jours du 12/07/2006 au 15/07/2006
  -ceftazidime + colistine 11 jours du 16/07/2006 au 27/07/2006
  - Evolution

  28/07/2006 : ECBU négatif

- Souche 19 : Madame P., 53 ans
  - Type de prélèvement : urine le 11/09/2006, urine le 06/12/2006 (souche étudiée)
  - Matériel : sonde urétérale
  - Antécédents

  -20/07/2006 : hystérectomie pour cancer du col de l'utérus compliquée de fistules urétérale et vésico-vaginale
  -24/07/2006 : hémoculture à *E. coli*
  -27/07/2006 : drainage d'un abcès pelvien par voie vaginale positif à *E. coli* et *Streptococcus spp.*

-02/08/2006 : mise en place d'une sonde urétérale et d'une sonde vésicale
- o Antibiothérapie récente : oui
  -amoxicilline-acide clavulanique 1 jour le 23/07/2006 : notion d'allergie à ce médicament (de quel type?)
  -ofloxacine 36 jours du 24/07/2006 au 28/08/2006 + amikacine 7 jours du 24/07/2006 au 30/07/2006
  -métronidazole 3 jours du 09/08/2006 au 11/08/2006 et 14 jours du 15/08/2006 au 28/08/2006
- o Signes cliniques : non
- o Traitement : non? (pas de documentation retrouvée dans le dossier clinique, projet de retirer la sonde)
- o Evolution
  -06/12/2006 : ECBU sur sonde à *P. aeruginosa* multirésistant, traité par ceftazidime 18 jours du 06/12/2006 au 23/12/2006 + ofloxacine 7 jours du 06/12/2006 au 12/12/2006
  -10/12/2006 et 23/12/2006 : ECBU négatifs

- Souche 24 : Monsieur V., 82 ans
  - o Type de prélèvement : urine le 19/08/2006
  - o Matériel : cathéter sus-pubien
  - o Antécédents
    -Mars 2006 : pose d'un cathéter sus-pubien pour rétention urinaire aigue sur sténose urétrale et insuffisance rénale aigue
    -Août 2006 : notion d'infection urinaire à *P. aeruginosa* multirésistant dans la lettre pour hospitalisation du médecin traitant, misère physiologique, probable mésothéliome
  - o Antibiothérapie récente : oui
    Ceftriaxone du ? au ?
  - o Signes cliniques : oui
    Fièvre, altération de l'état général
  - o Traitement : oui
    méropénème prévu pour 14 jours + colistine prévue pour 8 jours à partir du 31/08/2006
  - o Evolution : 05/09/2006 : constat de décès

B. Patients porteurs des souches de *P. aeruginosa* du groupe B

- Souche 3 : Madame C., 78 ans
  - Type de prélèvement : écouvillon rectal le 03/10/2006, urine le 19/12/2006 (souche étudiée)
  - Matériel : sonde urinaire
  - Antécédents
    -mai 2003 : gammapathie monoclonale de signification indéterminée
    -nécroses digitales des 4 membres d'étiologie non retrouvée
    -août 2006 : fracture du col du fémur ostéosynthésée
    -septembre 2006 : choc septique sur cholécystite aigue lithiasique à *E. cloacae* ayant une BLSE, puis sepsis à Staphylocoque à coagulase négative sensible à la méticilline avec localisation vertébrale
  - Antibiothérapie récente : oui
    -amoxicilline-acide clavulanique + ciprofloxacine du 23/09/2006 du ? au 24/09/2006
    -ceftriaxone + gentamicine du 25/09/2006 au ?
    -imipénème + amikacine du ? au ?
    -ertapénème du ? au 23/10/2006
  - Signes cliniques : non
  - Traitement : non
  - Evolution
    Disparition de la bactériurie à *P. aeruginosa*

- Souche 7 : Monsieur C., 47 ans
  - Type de prélèvement : urine le 23/12/2005, urine le 27/12/2005 (souche étudiée)
  - Matériel : sonde à demeure
  - Antécédents
    -maladie de Rendu-Osler
    -novembre 2005 : endocardite à *Staphylococcus aureus* sensible à la méticilline (SAMS) avec localisations secondaires articulaire, pulmonaire, neuroméningée et rénale, avec abcès d'un doigt constituant la porte d'entrée probable
  - Antibiothérapie récente : oui

-amoxicilline 2 jours du 04/11/2005 au 05/11/2005 + cloxacilline 48 jours du 04/11/2005 au 21/12/2005 + nétilmicine 12 jours du 04/11/2005 au 15/11/2005
-rifampicine 4 mois du 09/11/2005 au 09/03/2005 + nétilmicine 5 jours du 17/11/2005 au 21/11/2005
-ofloxacine 3 mois du 08/12/2005 au 09/03/2005
- o Signes cliniques : non
- o Traitement : oui (uniquement pour lever l'isolement et faciliter la rééducation)
  Colistine du 18/01/2006 au 01/02/2006
- o Evolution
  03/02/2006 : ECBU négatif

- Souche 9 : Madame D., 70 ans
  - o Type de prélèvement : fistule de trochanter le 14/02/2006
  - o Antécédents
    -1995 : prothèse totale de hanche compliquée d'une surinfection chronique de la fistule à SARM
    -ulcères étendus des membres inférieurs
    -septicémie à Streptocoque (Quelle espèce? Porte d'entrée? Durée de l'antibiothérapie?)
  - o Antibiothérapie récente : oui
    Amoxicilline + gentamicine du ? au ?
  - o Signes cliniques : non (écoulement chronique de la fistule)
  - o Traitement : non
  - o Evolution
    Décès par majoration de troubles respiratoires sur insuffisance cardiaque sévère

- Souche 11 : Madame D., 81 ans
  - o Type de prélèvement : urine le 16/05/2006
  - o Matériel : sonde à demeure
  - o Antécédents
    -insuffisance rénale chronique
    -altération de l'état général, diarrhées sanglantes et insuffisance rénale aigue associée à un prolapsus utérin compressif

-25/04/2006 : ECBU à *P. aeruginosa* et *E. coli* de phénotypes sauvages
- o Antibiothérapie récente : oui
  -céfotaxime 4 jours du 21/04/2006 au 24/04/2006
  -ceftriaxone 8 jours du 25/04/2006 au 02/05/2006
  -ciprofloxacine 29 jours du 03/05/2006 au 31/05/2006
- o Signes cliniques : non
- o Traitement : oui
  colistine 5 jours du 20/05/2006 au 24/05/2006 (ciprofloxacine continuée malgré la résistance à cet antibiotique de la souche de *P. aeruginosa*)
- o Evolution
  -pas de nouvel ECBU
  -apyrétique
  -12/06/2006 : décès dans un contexte de dégradation progressive de l'état général et de décompensation cardiaque

- Souche 21 : Monsieur S., 76 ans
  - o Type de prélèvement : PBDP le 18/05/2006
  - o Antécédents
    -Juillet 1999 : néphrectomie gauche pour néoplasie rénale
    -Janvier 2006 : métastasectomie pulmonaire
    -syndrôme de Guillain-Barré
    -23/04/2006 : choc septique sur pneumopathie d'inhalation à *E.coli* et *Streptococcus spp.*
    -04/05/2006 : choc septique sur pneumopathie à *P. aeruginosa* intermédiaire à la ticarcilline
    -18/05/2006 : choc septique sur pneumopathie et infection de cathéter central à *P. aeruginosa* multirésistant
  - o Antibiothérapie récente : oui
    -pipéracilline-tazobactam du 23/04/2006 au 26/04/2006 + vancomycine du 23/04/2006 au 24/04/2006 + érythromycine du 23/04/2006 au 02/05/2006 + amikacine du 23/04/2006 au 26/04/2006
    -amoxicilline du 26/04/2006 au 02/05/2006
    -pipéracilline-tazobactam du 03/05/2006 au 11/05/2006 + vancomycine du 03/05/2006 au 06/05/2006 + amikacine le 03/05/2006 et le 07/05/2006

- o Signes cliniques : oui

  Choc septique
- o Traitement : oui

  Imipénème du 20/05/2006 au 27/05/2006 + amikacine du 20/05/2006 au 23/05/2006
- o Evolution

  -28/05/2006 : PBDP stérile

  -04/06/2006 : septicémie à *Enterococcus faecalis* traitée par amoxicilline du 09/06/2006 au 22/06/2006

  -09/06/2006 : PBDP à *P. aeruginosa* multirésistant, non traité

  -18/07/2006 : ECBU sur sonde à *P. aeruginosa* multirésistant, traité par colistine du 22/07/2006 au 12/08/2006

  -25/07/2006 : ECBU négatif

  -évolution favorable

C. Patients porteurs des souches de *P. aeruginosa* du groupe C

- Souche 5 : Monsieur C., 55 ans
  - o Type de prélèvement : hémoculture sur chambre implantable le 03/12/2006, chambre implantable le 05/12/2006 (souche étudiée)
  - o Antécédents

    -Janvier 2005 : prothèse aorto-iliaque

    -17/02/2006 au 06/03/2006 : hospitalisation au Centre Henri Becquerel pour LNH folliculaire (localisation rétro-péritonéale)

    -Février, mars et avril 2006 : 3 épisodes de septicémie à SAMS à porte d'entrée chambre implantable, ayant nécessité le retrait de cette dernière

    -Juin 2006 : pyélonéphrite à *Staphylococcus epidermidis* résistant à la méticilline

    -11/10/2006 : infection broncho-pulmonaire

    -20/11/2006 : autogreffe pour transformation en lymphome agressif
  - o Antibiothérapie récente : oui

    -amoxicilline-acide clavulanique + pristinamycine 7 jours du 09/06/2006 au 15/06/2006

    -pristinamycine + doxycycline 23 jours du 16/06/2006 au 08/07/2006

-amoxicilline-acide clavulanique 7 jours du 11/10/2006 au 17/10/2006
-cotrimoxazole au long cours
- o Signes cliniques : oui
  Choc septique
- o Traitement : oui
  -pipéracilline-tazobactam + amikacine 1 jour le 03/12/2006
  -imipénème + vancomycine + amikacine 1 jour le 04/12/2006
  -retrait de la chambre implantable le 05/12/2006
  -ceftazidime + fosfomycine 8 jours du 05/12/2006 au 12/12/2006
  -méropénème + fosfomycine 8 jours du 13/12/2006 au 20/12/2006
- o Evolution
  -22/12/2006 : apyrexie sans antibiotique, écouvillon rectal à *P. aeruginosa* multirésistant
  -27/12/2006 : ECBU sur sonde et PBDP à *P. aeruginosa* multirésistant, état de choc septique, d'évolution favorable sous ceftazidime + colistine 31 jours du 24/12/2006 au 13/01/2007 (négativation des prélèvements bactériologiques) et retrait de la sonde
  -18/01/2007 : PBDP à *P. aeruginosa* multirésistant, état de choc septique d'évolution favorable sous ceftazidime + colistine 21 jours du 19/01/2007 au 08/02/2007 (négativation des prélèvements bactériologiques, apyrexie)
  -19/02/2007 : PBDP à *P. aeruginosa* multirésistant
  -20/02/2007 : décès par hépatite fulminante reliée à une atteinte lymphomateuse ou une candidose profonde

- Souche 16 : Monsieur L., 74 ans
  - o Type de prélèvement : urine le 06/10/2006
  - o Matériel : sonde urétérale
  - o Antécédents
    -1995 : polychondrite atrophiante traitée par corticothérapie au long cours
    -Février 2006 : septicémie à *Peptostreptococcus* rapportée à une sigmoidite
    -Juin 2006 : AREB-2
    -18/07/2006 au 25/07/2006 : hospitalisation au Centre Henri Becquerel pour sigmoidite
  - o Antibiothérapie récente : oui

Amoxicilline-acide clavulanique + métronidazole du 18/07/2006 au 14/08/2006 au moins (date précise d'arrêt non retrouvée)
- o Signes cliniques : oui
  13/09/2006 : syndrôme infectieux urinaire
- o Traitement : oui
  -amoxicilline-acide clavulanique 9 jours du 15/09/2006 au 23/09/2006
  -pipéracilline-tazobactam 8 jours du 25/09/2006 au 02/10/2006
  -ciprofloxacine 3 jours du 08/10/2006 au 10/10/2006
  -pipéracilline-tazobactam 2 jours du 09/10/2006 au 10/10/2006
  -imipénème + fosfomycine 15 jours du 11/10/2006 au 31/10/2006
- o Evolution
  22/10/2006 : ECBU négatif
  Pneumopathie avec épanchement pleural bilatéral, fièvre et altération de l'état général conduisant au décès le 31/10/2006

- Souche 17 : Madame M., 41 ans
  - o Type de prélèvement : hémoculture sur chambre implantable le 24/05/2006, hémoculture le 27/05/2006 (souche étudiée)
  - o Antécédents
    -1999 : LLC atypique
    -2003 : pneumocystose pulmonaire à la suite d'une cure de chimiothérapie
    -Février 2006 : récidive tumorale justifiant une chimiothérapie en vue d'une allogreffe
    -15/05/2006 : foyer infectieux dentaire
  - o Antibiothérapie récente : oui
    -Cotrimoxazole au long cours
    -ceftriaxone + métronidazole 2 jours du 09/05/2006 au 10/05/2006 puis amoxicilline-acide clavulanique 9 jours du 11/05/2006 au 19/05/2006
  - o Signes cliniques : oui
    25/05/2006 : aplasie fébrile (40°C), frissons
  - o Traitement : oui
    -ticarcilline-acide clavulanique + amikacine 1 jour le 25/05/2006
    -pipéracilline-tazobactam + vancomycine + amikacine 1 jour le 26/05/2006
    -ceftazidime + colistine 1 jour le 27/05/2006

(cotrimoxazole continué)
- o Evolution

  27/05/2006 : décès par choc septique et défaillance multi-viscérale

D. Patients porteurs des souches de *P. aeruginosa* multirésistantes n'appartenant pas aux groupes A, B et C

- Souche 6 : Monsieur C., 79 ans
  - o Type de prélèvement : scarpa gauche le 28/01/2006
  - o Antécédents

    -19/07/2005 : double pontage aorto-coronarien

    -26/07/2005 : reprise chirurgicale pour médiastinite à SARM

    -24/10/2005 : décompensation d'une artérite des membres inférieurs nécessitant l'amputation de jambe gauche et du quatrième orteil du pied droit le 22/11/2005
  - o Antibiothérapie récente : oui

    -vancomycine + rifampicine du 26/07/2005 au ?

    -pristinamycine 5 jours du 19/10/2005 au 23/10/2005

    -amoxicilline-acide clavulanique 1 jour le 24/10/2005

    -pristinamycine 11 jours du 25/10/2005 au 04/11/2005

    -linézolide 17 jours du 08/11/2005 au 24/11/2005 + ceftazidime 7 jours du 08/11/2005 au 14/11/2005 + amikacine 6 jours du 08/11/2005 au 13/11/2005

    -pipéracilline + ciprofloxacine 8 jours du 15/11/2005 au 22/11/2005

    -céfépime 2 jours du 23/11/2005 au 24/11/2005 + vancomycine 9 jours du 23/11/2005 au 01/12/2005

    -cefpirome 7 jours du 25/11/2005 au 01/12/2005 + ciprofloxacine du 25/11/2005 au 11/01/2006 (?)

    -cotrimoxazole 9 jours du 02/12/2005 au 10/12/2005
  - o Signes cliniques : oui

    -Désunion superficielle du scarpa gauche

    -Résidu de phalange du quatrième orteil de pied gauche infecté, avec pied gauche subischémique et douloureux, sans ostéite objectivée
  - o Traitement : oui

    imipénème du ? au ? + pansements à la gentamicine du ? au ?

- Evolution

    -Moignon de jambe gauche sec et propre

    -Extension des lésions nécrotiques du pied droit nécessitant l'amputation de la jambe droite prévue pour mai 2006 et refusée par le patient

- Souche 8 : Monsieur D., 85 ans
  - Type de prélèvement : crachat le 19/04/2006
  - Antécédents

    -BPCO oxygéno-dépendant depuis mars 2005

    -décompensations respiratoires itératives

    -insuffisance rénale chronique sur néphropathie lithiasique et diabétique
  - Antibiothérapie récente : oui

    -pipéracilline-tazobactam + amikacine 10 jours en décembre 2005

    -ciprofloxacine 3 semaines + colistine 4 semaines en décembre 2005-janvier 2006

    -amoxicilline ? jours en février 2006

    -amoxicilline-acide clavulanique 14 jours du 08/03/2006 au 21/03/2006 + lévofloxacine 8 jours du 14/03/2006 au 21/03/2006

    -pipéracilline 20 jours du 30/03/2006 au 18/04/2006 + amikacine 15 jours du 30/03/2006 au 13/04/2006

    -roxithromycine 21 jours du 14/04/2006 au 04/05/2006 (devant une sérologie positive à Chlamydia pneumoniae)
  - Signes cliniques : oui

    Décompensation respiratoire
  - Traitement : oui

    Ciprofloxacine + amikacine 11 jours du 24/04/2006 au 04/05/2006
  - Evolution

    -18/05/2006 : crachat à *P. aeruginosa* multirésistant

    -fracture de côte post-chute entraînant une nouvelle décompensation respiratoire avec progressive dégradation de l'état général et décès le 05/06/2006

- Souche 12 : Madame G., 42 ans
    - Type de prélèvement : urine le 18/09/2006, écouvillon rectal le 18/10/2006 (souche étudiée)
    - Antécédents
    -splénectomie à 7 ans pour purpura thrombopénique idiopathique
    -allergie à la pénicilline (œdème et éruption des mains)
    -27/08/2006 : endocardite aigue aortique sur valve native à *Streptococcus agalactiae* avec localisation cérébrale secondaire (AVC frontal gauche) imposant le remplacement valvulaire en urgence le 01/09/2006, porte d'entrée probablement dentaire
    -18/09/2006 : pyélonéphrite à *P. aeruginosa* multirésistant et *Enterococcus faecalis* sensible à l'amoxicilline
    - Antibiothérapie récente : oui
    -céfotaxime 22 jours du 29/08/2006 au 19/09/2006 et 12 jours du 25/09/2006 au 06/10/2006 + gentamicine 18 jours du 29/08/2006 au 15/09/2006
    -méropénème 5 jours du 20/09/2006 au 24/09/2006 + ciprofloxacine 15 jours du 20/09/2006 au 04/10/2006
    -ceftriaxone 3 semaines et 4 jours du 07/10/2006 au 01/11/2006
    - Evolution
    -22/09/2006 : ECBU négatif
    -28/09/2006 : écouvillonnage rectal négatif
    -pas d'infection à *P. aeruginosa*
    -admise au Centre de Rééducation Fonctionnelle

- Souche 13 : Monsieur G., 76 ans
    - Type de prélèvement : urine le 10/08/2004
    - Matériel : sonde à demeure
    - Antécédents
    -11/05/2004 : pose d'une valve mécanique aortique
    -14/05/2004 : choc septique sur pneumopathie bilatérale non documentée
    -28/05/2004 : pneumopathie à *P. aeruginosa* de phénotype sauvage, *Proteus mirabilis* sauvage, *Staphylococcus epidermidis* et *Streptococcus spp.*
    -03/06/2004 : *P. aeruginosa* multirésistant dans la flore fécale
    -05/07/2004 : pneumopathie à *P. aeruginosa* multirésistant

- o Antibiothérapie récente : oui
  -pipéracilline-tazobactam + amikacine du 14/05/2004 au ?
  -pipéracilline-tazobactam + vancomycine + gentamicine du 28/05/2004 au ?
  -céfépime 14 jours du ? au ? + ciprofloxacine du ? au ?
  -pipéracilline-tazobactam + amikacine 5 jours du 05/07/2004 au 09/07/2004
  -imipénème 9 jours du 10/07/2004 au 18/07/2004 + amikacine 7 jours du 10/07/2004 au 06/07/2004
- o Signes cliniques : ?
- o Traitement : non
- o Evolution
  -23/09/2004 : ECBU à *P. aeruginosa* sauvage
  -29/09/2004 : décès d'une probable embolie pulmonaire massive

- Souche 18 : Monsieur P., 94 ans
  - o Type de prélèvement : urine le 09/09/2004, urine le 21/11/2004 (souche étudiée)
  - o Matériel : non?
  - o Antécédents
    -éthylisme chronique
    -cardiopathie hypertensive
    -altération de l'état général et perte d'autonomie justifiant son placement en long séjour à partir du 11/12/2001
    -09/09/2004 : hémoculture à *P. aeruginosa* de phénotype sauvage à porte d'entrée probablement cutanée, et ECBU à *P. aeruginosa* multirésistant
  - o Antibiothérapie récente : non
  - o Signes cliniques : oui
    Sepsis, non attribué à l'ECBU à *P. aeruginosa* multirésistant
  - o Traitement : oui
    amoxicilline-acide clavulanique 13 jours du 09/09/2004 au 21/09/2004 + ofloxacine 9 jours du 10/09/2004 au 18/09/2004
  - o Evolution
    -16/12/2004 : ECBU à *P. aeruginosa* multirésistant
    -dégradation progressive de l'état général conduisant au décès le 20/02/2005

- Souche 20 : Monsieur S., 79 ans
    - Type de prélèvement : urine le 05/11/2005
    - Matériel : sonde à demeure
    - Antécédents

    -juillet 2004 : maladie de Horton, traitée par corticothérapie

    -avril 2005 : anurie obstructive fébrile sur hypertrophie prostatique, ECBU sur sonde à *E. coli* sauvage

    -24/06/2005 au 25/06/2005 : tentative de sevrage de sonde en urologie soldée par un échec

    -septembre 2005 : infarctus du myocarde

    -début octobre 2005 : en ville, notion d'infection urinaire sur sonde

    -14/10/2005 : dyspnée fébrile, ECBU à SARM et *Enterococcus spp.* sensible à l'amoxicilline
    - Antibiothérapie récente : oui

    -ofloxacine 6 semaines du 25/04/2005 au 06/06/2005

    -ofloxacine du ? au 06/10/2005

    -amoxicilline-acide clavulanique 5 jours du 14/10/2005 au 18/10/2005

    -vancomycine 4 semaines et 3 jours du 19/10/2005 au 17/11/2005 + métronidazole 16 jours du 19/10/2005 au 03/11/2005

    -ceftriaxone 5 jours du 04/11/2005 au 08/11/2005

    -gentamicine 8 jours du 10/11/2005 au 17/11/2005
    - Signes cliniques : oui

    Fièvre, reliée à une infection pulmonaire
    - Traitement : non
    - Evolution

    Dégradation progressive de l'état général dans un contexte d'infection pulmonaire et de décompensation cardiaque, conduisant au décès le 13/12/2005

- Souche 22 : Monsieur S., 39 ans
    - Type de prélèvement : écouvillon rectal le 19/09/2006
    - Antécédents

    -Juillet 2006 : accident de quad à l'origine d'un traumatisme abdominal avec désinsertion mésentérique, perforation duodénale et fracture hépatique nécessitant une colectomie totale et une résection grêlique

-choc septique initial sur péritonite post-traumatique avec hémoculture à *E. coli* pénicillinase haut niveau
- o Antibiothérapie récente : oui
  -imipénème + amikacine du ? au ?
  -ofloxacine du ? au ?
- o Evolution : favorable

- Souche 23 : Monsieur V., 42 ans
  - o Type de prélèvement : urine le 11/09/2006, urine le 25/10/2006 (souche étudiée)
  - o Matériel : non
  - o Antécédents
    -02/07/1991 : transplantation rénale
    -mars 2006 : lymphome de phénotype B à petites cellules de localisation cérébrale, suivi au Centre Becquerel
    -11/09/2006 : entrée aux urgences pour sepsis à probable point de départ érysipèle du membre inférieur droit
  - o Antibiothérapie récente : oui
    -teicoplanine 1 injection à l'entrée
    -amoxicilline-acide clavulanique 5 jours du 12/09/2006 au 16/09/2006
    -oxacilline 7 jours du 17/09/2006 au 23/09/2006
  - o Signes cliniques : non
  - o Traitement : non
  - o Evolution
    ECBU de contrôle négatif

DISCUSSION

Ce travail a été mené devant l'émergence d'un nouveau phénotype de résistance aux β-lactamines chez des souches de *P. aeruginosa* multirésistantes aux antibiotiques. En effet, les antibiogrammes de ces souches montraient tous une résistance au céfépime associée ou non à une résistance à la ceftazidime et/ou à l'aztréonam avec parfois de discrètes images d'étirement des diamètres autour des disques de ceftazidime et/ou de céfépime en regard d'un disque contenant de l'acide clavulanique. Le plus souvent, il n'y avait pas de restauration complète de la sensibilité à ces molécules en présence de cloxacilline, inhibiteur spécifique de céphalosporinase ce qui excluait un mécanisme de dérépression de la céphalosporinase comme seul responsable du phénotype de résistance aux C3G de ces souches. Ceci nous faisait donc évoquer une possible acquisition de BLSE, mécanisme encore rare en France chez cette espèce bactérienne (16) et jusqu'ici non observé au CHU de Rouen. Par ailleurs, ces souches étaient également résistantes à d'autres familles d'antibiotiques comme les aminosides et les fluoroquinolones.

Identification des BLSE

Nous avons donc effectué des réactions de PCR à l'aide d'amorces spécifiques, à la recherche de la plupart des BLSE déjà décrites chez *P. aeruginosa* ainsi que d'autres BLSE, non encore décrites chez cette espèce, comme les enzymes de type CTX-M retrouvées principalement chez les entérobactéries, en particulier *E. coli* (66). Si les réactions de PCR à la recherche de BLSE de type CTX-M, OXA, VEB et PER ont été négatives chez toutes les souches, nous avons pu toutefois mettre en évidence la présence de gènes d'enzymes de type TEM et SHV. Le séquençage des produits de PCR nous a permis d'identifier la BLSE TEM-116 chez les 24 souches étudiées associée à l'enzyme SHV-2a chez 5 souches. Il s'agit donc de la première description de TEM-116 chez une espèce bactérienne en France et de son association à SHV-2a. Si TEM-116 est une BLSE décrite pour la première fois en Corée du Sud (38) chez des souches d'entérobactéries et de *Acinetobacter baumannii*, puis en Espagne (81), et en Uruguay (89) parfois associée à des enzymes comme TEM-1, PER-2 et SHV-12, son identification chez *P. aeruginosa* reste rare. Elle a été récemment rapportée chez des souches de cette espèce en Chine (39) et aux Pays Bas (61) chez une souche co-exprimant également SHV-12 (qui diffère de SHV-2a par un seul acide aminé). En revanche, SHV-2a a été décrite pour la première fois en France en 1997 chez *P.aeruginosa* (59) et est la BLSE la plus fréquemment isolée chez cette espèce dans la dernière étude multicentrique française (16).

Comparaison génotypique des souches

Les profils génomiques des souches de *P. aeruginosa* obtenus par trois techniques de RAPD ont été comparés. L'analyse des profils de bandes se fait à l'œil, ce qui par conséquent la rend opérateur-dépendant et parfois délicate lorsque ces profils sont situés sur des gels d'agarose différents. Nous avons donc choisi de ne considérer comme identiques que des souches ne présentant aucune différence de profil de bandes dans les 3 techniques de typage, après une lecture des gels par 2 opérateurs différents travaillant en double aveugle. Nous avons pu distinguer 3 groupes de souches aux profils génomiques strictement semblables dans les 3 méthodes : pour un groupe donné, il s'agit donc d'une seule et même souche de *P. aeruginosa* ayant diffusé chez plusieurs patients. Un groupe A regroupe 8 patients (souches 1, 2, 4, 10, 14, 15, 19, 24), un goupe B, 5 patients (souches 3, 7, 9, 11, 21) et un groupe C, 3 patients (souches 5, 16, 17). Pour les 8 patients restants, il s'agissait de souches différentes non génétiquement reliées entre elles (souches 6, 8, 12, 13, 20, 22, 23). Il convient néanmoins de souligner que le profil génomique de la souche 23 est identique aux profils des souches du groupe C en PCR REP et 208, mais pas en ERIC-2. Son phénotype de résistance à l'antibiogramme possédant les mêmes caractéristiques que celui des souches du groupe C, on peut raisonnablement penser que la souche 23 appartienne aussi à ce groupe.

Niveaux de résistance conférés aux β-lactamines

L'analyse des CMI de la ceftazidime, du céfépime et de l'aztréonam (tableau 4) montre que toutes les souches présentent des CMI élevées au céfépime comprises entre 48 et >256 mg/l, qui se matérialisent sur l'antibiogramme par des diamètres allant de 6 mm (contact) à 19 mm (diamètres critiques : 15-21 mm). L'absence de détection des gènes d'oxacillinases par PCR nous permet d'exclure l'acquisition d'oxacillinases à spectre étendu comme mécanisme responsable de cette résistance. En présence de l'association d'inhibiteurs (cloxacilline et acide clavulanique), nous observons une baisse des CMI d'environ un facteur 6, indiquant que la céphalosporinase et les BLSE TEM-116 et/ou SHV-2a sont responsables en partie de la résistance des souches. Cette restauration de sensibilité est cependant incomplète, traduisant l'existence d'autres mécanismes de résistance possiblement de type efflux. Il aurait donc été intéressant de mesurer les CMI en présence d'un inhibiteur d'efflux.

Concernant les CMI de la ceftazidime et de l'aztréonam, on observe 3 niveaux d'expression selon les souches :
- des CMI peu ou pas augmentées (4 à 8mg/l) pour 12 souches produisant TEM-116 seule correspondant aux groupes A, C et à la souche 23. En présence d'inhibiteurs, ces souches redeviennent sensibles à ces molécules, avec des CMI comprises entre 1.5 et 4 mg/l indiquant une production à bas niveau de la BLSE.
- des CMI de niveau intermédiaire (12 à 48 mg/l) pour 5 souches appartenant toutes au groupe B et produisant TEM-116 et SHV-2a. Ces niveaux de CMI sont proches de ceux rapportés pour des souches de *P. aeruginosa* produisant SHV-2a seule (32 mg/l) (59), ce qui plaide également en faveur d'une expression à bas niveau de TEM-116. Par ailleurs la sensibilité à ces molécules est restaurée en présence des inhibiteurs.
- des CMI élevées (48 à >256 mg/l) pour les 7 autres souches n'appartenant à aucun des groupes définis par typage en RAPD et exprimant TEM-116 seule. Ce haut niveau de résistance ne semble pas seulement lié à la seule BLSE mais également à une probable hyperexpression de céphalosporinase comme l'indique l'absence de restauration complète de sensibilité en présence d'inhibiteurs.

L'imipénème est une β-lactamine habituellement non touchée par les BLSE car très stable à l'hydrolyse par les β-lactamases. Cette molécule conserve une bonne activité chez près de la moitié des souches (CMI ≤ 4 mg/l). Pour l'autre moitié, on observe des CMI élevées (>16mg/l) qui sont abaissées en présence d'inhibiteurs nous faisant évoquer comme mécanisme responsable de cette résistance, une possible imperméabilité associée à une hyperexpression de céphalosporinase, déjà décrit chez *P. aeruginosa* (94).

Détection des BLSE sur l'antibiogramme des souches de *P. aeruginosa*

Chez *P. aeruginosa,* la résistance aux β-lactamines est fréquemment liée à la co-expression de plusieurs mécanismes de résistance : en particulier la dérépression de céphalosporinase peut rendre difficile la détection de certains de ces mécanismes comme les BLSE (27, 49, 92) et d'autant plus lorsqu'elles sont exprimées à bas niveau. Ainsi l'analyse des phénotypes de résistance sur l'antibiogramme de nos souches montre que la détection des BLSE TEM-116 et SHV-2a est difficile. En effet, toute diminution de sensibilité à la ceftazidime d'une souche de *P. aeruginosa* évoque en premier lieu une hyperexpression de céphalosporinase, mécanisme beaucoup plus fréquent en France chez cette espèce que l'acquisition de BLSE (16). Ainsi pour 23 des 24 souches étudiées (tableau 3), une augmentation, de très discrète à franche selon les souches, des diamètres de la ceftazidime sur MH + cloxacilline, traduit une augmentation de l'expression de la céphalosporinase qui gêne la détection d'autres mécanismes de résistance. Pour toutes ces souches, une augmentation des diamètres autour du céfépime et de l'aztréonam était également observé sur cloxacilline confirmant l'implication de la céphalosporinase dans la résistance à ces molécules.

Chez les entérobactéries, la détection des BLSE repose principalement sur la mise en évidence d'images de synergie souvent en forme de "bouchon de champagne" (67). Ces images sont beaucoup plus rarement visualisées sur l'antibiogramme standard chez *P. aeruginosa* et parfois seulement sous forme d'un léger étirement en rapprochant les disques de C3G d'un disque contenant de l'acide clavulanique (92). Dans notre étude, de très discrètes images d'étirement entre les disques de ceftazidime et/ou de céfépime en regard d'un disque d'acide clavulanique nous ont fait suspecter une possible BLSE. En effet pour les 12 souches ayant des CMI peu augmentées à la ceftazidime (groupe A, C et souche 23), un léger étirement était observé à l'antibiogramme standard sur MH et rarement sur milieu MH + cloxacilline (figures 1, 3 et 4) indiquant que la production de céphalosporinase ne masquait pas la présence de TEM-116 exprimée à très bas niveau chez ces souches. Chez les souches du groupe B produisant TEM-116 associée à SHV-2a, des images d'étirement étaient visibles pour 4 souches sur 5 et aucune image n'a pu être observée chez les 7 autres souches résistantes à haut niveau aux C3G et ce y compris en présence de cloxacilline. Pour ces dernières, une expression à haut niveau de la céphalosporinase masque très probablement l'expression de TEM-116.

Tests de confirmation de la présence de BLSE chez les souches de *P. aeruginosa*

D'autres tests de détection de BLSE existent comme le test des disques BLSE qui compare les diamètres d'inhibition autour des disques de C3G seules et de C3G + acide clavulanique : une augmentation de 5 mm du diamètre d'inhibition en présence d'acide clavulanique indique la production de BLSE (2, 39). Dans notre étude, nous avons considéré ce test positif quand une différence de 5 mm était observée pour au moins un des couples de C3G (céfotaxime, ceftazidime ou céfépime) + acide clavulanique. Ce test s'est révélé positif pour 9 des 12 souches ayant une faible expression de TEM-116 (groupe A, C et souche 23), 4 des 5 souches co-exprimant SHV-2a (groupe B) et uniquement chez une des 7 souches TEM-116 résistantes à haut niveau aux C3G. Lorsqu'il était positif, ce test l'était toujours avec le céfépime et très rarement avec les disques de ceftazidime ou de céfotaxime. Par ailleurs, chez les 17 souches présentant des images d'étirement à l'antibiogramme et donc suspectes de produire une BLSE, ce test n'était positif que chez 12 souches. Ce test n'ayant jamais été positif sur des souches de *P. aeruginosa* exemptes de BLSE (39), son intérêt résiderait donc dans sa parfaite valeur prédictive positive comme test de confirmation et non comme test de dépistage. De plus, il serait à faire préférentiellement avec le céfépime. Enfin ce test est resté négatif, et ce même en présence de cloxacilline pour inhiber une interférence par la céphalosporinase, chez 5 des 7 souches ne présentant pas d'images d'étirement. Pour ces souches l'absence de restauration de sensibilité aux C3G sur cloxacilline était alors le seul élément d'alerte de la présence possible de BLSE. Toutefois il aurait été judicieux de refaire ce test en présence d'un inhibiteur de pompe d'efflux (associé à la cloxacilline) ce qui aurait permis d'augmenter sa sensibilité de détection comme rapporté par Jiang et collaborateurs (39). Notons également que toutes les souches restaient résistantes à ticarcilline et pipéracilline (y compris sur MH + cloxacilline). Pour 20 des 24 souches, un agrandissement d'au moins 3 mm des diamètres autour des disques d'associations ticarcilline-acide clavulanique et/ou pipéracilline-acide clavulanique (par rapport aux diamètres autour de ces molécules seules), faisait évoquer un mécanisme de type pénicillinase acquise sensible à l'acide clavulanique à spectre étroit ou étendu. Au total, l'absence d'images de synergie ou la négativité du test des disques BLSE ne permettent en aucun cas d'exclure la présence de BLSE chez des souches présentant une sensibilité diminuée aux pénicillines et aux C3G non restaurée en présence de cloxacilline. Dans ces cas, la recherche par biologie moléculaire des gènes de BLSE est recommandée et reste l'ultime recours disponible (39, 92).

Arbre décisionnel de détection de BLSE chez *P. aeruginosa*

A partir de ces observations, plusieurs conclusions peuvent être apportées pour l'analyse microbiologique des antibiogrammes des souches de *P. aeruginosa* de sensibilité diminuée à la ceftazidime et/ou au céfépime au CHU de Rouen :

- Il est nécessaire de faire un antibiogramme sur gélose MH + cloxacilline pour interpréter le(s) mécanisme(s) de résistance, plusieurs mécanismes coexistant souvent chez une même souche dont l'hyperexpression de céphalosporinase.
- Les tests classiques de synergie entre les disques de C3G et d'acide clavulanique peuvent être mis en défaut chez *P. aeruginosa* malgré la présence de BLSE (50).
- L'absence de restauration complète de sensibilité à la ceftazidime et/ou au céfépime sur MH + cloxacilline, en particulier pour la ceftazidime, doit faire suspecter la présence de BLSE, y compris si le test des disques BLSE est négatif et en l'absence

d'étirement de diamètres autour des disques de ceftazidime ou de céfépime en regard de l'acide clavulanique (cas des souches 8, 12, 13, 20, 22).

- Enfin, la restauration complète de sensibilité à la ceftazidime et au céfépime, traduisant un mécanisme d'hyperexpression de céphalosporinase, n'exclut pas la présence de BLSE. Dans ce cas, il faut rechercher des images d'étirement des diamètres autour des disques de ceftazidime et/ou de céfépime en regard de l'acide clavulanique, au besoin en rapprochant les disques.

Au vu de tout cela, nous proposons la démarche suivante pour la détection de BLSE chez des souches de *P. aeruginosa* de sensibilité diminuée aux β-lactamines (figure 20).

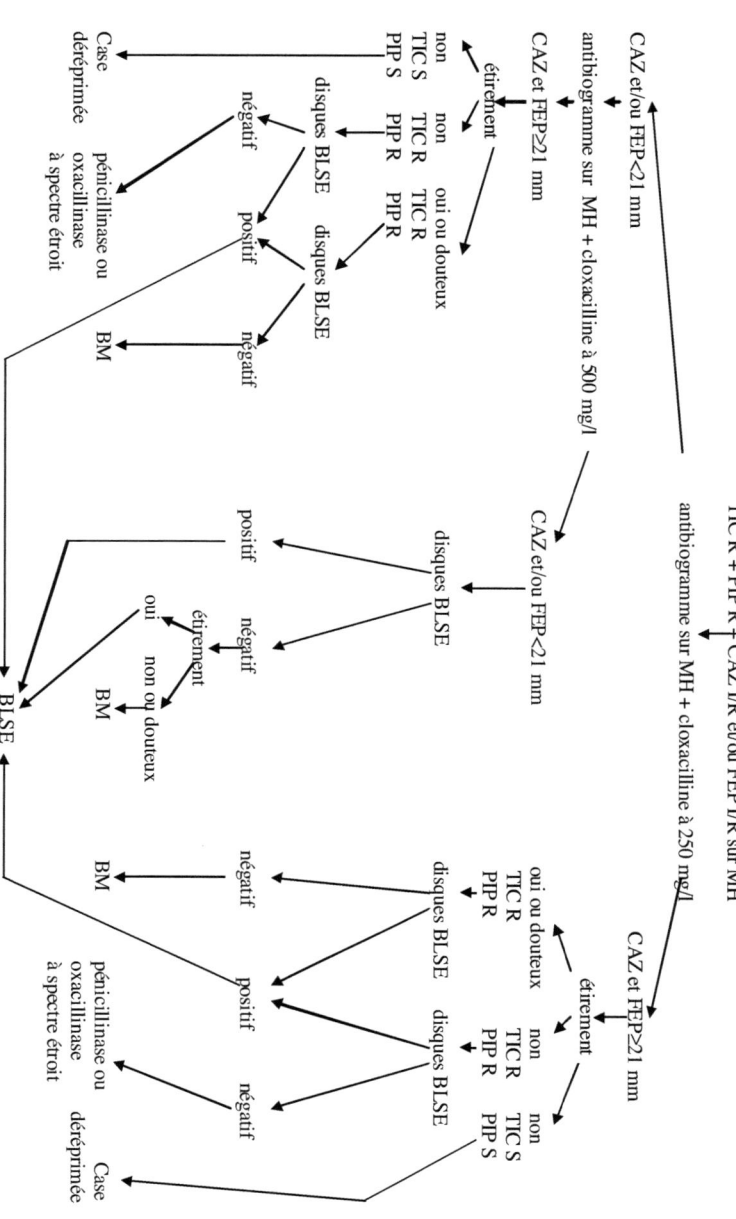

Figure 20 : Arbre décisionnel d'interprétation des antibiogrammes de *P. aeruginosa* de sensibilité diminuée à la ceftazidime et/ou au céfépime

TIC : ticarcilline, PIP : pipéracilline, CAZ : ceftazidime, FEP : céfépime, étirement : images de synergie prenant la forme d'étirement entre les disques de C3G et d'acide clavulanique, Case : céphalosporinase, BM : techniques de biologie moléculaire de PCR séquençage, disques BLSE : test des disques BLSE

Support génétique des BLSE TEM-116 et SHV-2a

Nous avons enfin cherché à définir le support génétique de TEM-116 et SHV-2a pour les souches des groupes A, B et C. Aucun fragment d'amplification n'ayant été obtenu par PCR en combinant les amorces TEM et SHV, nous ne pouvons pas conclure que les gènes codant pour ces BLSE sont voisins sur un même support génétique pour les souches du groupe B (coexprimant TEM-116 et SHV-2a).

Nous avons étudié l'hypothèse d'un support de type intégron, fréquemment retrouvé chez les souches de *P. aeruginosa* productrices de BLSE (92). Des fragments d'amplification par PCR en utilisant des amorces situées dans des régions conservées 5'CS et 3'CS des intégrons de type 1 ayant été obtenus, nous avons conclu à la présence d'intégrons pour les souches des groupes A, B, C et les souches 8, 18, 20 et 23. Nous avons ensuite recherché la présence au sein de ces intégrons des gènes TEM ou SHV par PCR en combinant les amorces 5'CS ou 3'CS avec celles de ces β-lactamases. Aucun fragment d'amplification n'a été obtenu pour les amorces TEM suggérant que chez nos souches, $bla_{TEM-116}$ n'est pas porté par un intégron. En revanche, nous avons obtenu un fragment d'amplification d'environ 3000 pb en combinant les amorces 5'CS et OS-6 (extrémité 5'intégron – extrémité 3'SHV) mais pas en combinant OS-5 et 3'CS (extrémité 5'SHV – extrémité 3'intégron). Ceci semble indiquer que le gène SHV se situe au sein d'un intégron de type 1 à proximité d'une séquence 5'CS et éloigné de l'extrémité 3'CS (fragment trop grand à amplifier).

Les BLSE des bacilles à Gram négatifs sont fréquemment véhiculées sur des plasmides transférables le plus souvent (66). Les tentatives de transfert de résistance par conjugaison chez *E. coli* J53-2 résistant à la rifampicine et à la fosfomycine se sont soldées par des échecs avec nos souches. Ces expériences de conjugaison étaient rendues particulièrement délicates par la multirésistance des souches de *P. aeruginosa* étudiées, en particulier par leur résistance de bas niveau à la rifampicine. De plus, l'utilisation d'une souche de *P. aeruginosa* comme souche réceptrice, qui aurait été préférable dans la mesure où la conjugaison intra-espèce est réalisée plus facilement que la conjugaison inter-espèce, n'a pas été possible puisqu'il n'existait pas de marqueur antibiotique spécifique permettant de différencier la souche de *P. aeruginosa* réceptrice de nos souches donatrices.

Devant ces échecs, nous avons réalisé des expériences d'extraction plasmidique chez les souches des groupes A, B et C qui ont permis de mettre en évidence un grand plasmide d'au moins 23 kb. Les PCR TEM et SHV réalisées sur ces extraits conduisent à penser que les

BLSE TEM-116 et SHV-2a sont portées par ces plasmides. Néanmoins, l'obtention de fragments d'amplification en PCR AmpC sur l'ADN plasmidique obtenu par la technique QiaGen ne permet pas d'exclure une légère contamination par de l'ADN génomique. Au vu de tout cela, nous formulons l'hypothèse que chez les souches des groupes A, B et C, la BLSE TEM-116 est portée par un plasmide non conjugatif. Si la technique QiaGen a déjà été utilisée avec succès pour l'extraction d'un plasmide de 65 kb portant TEM-116 chez des entérobactéries, elle n'a pas pu mettre en évidence de plasmide chez une souche de *P. aeruginosa* productrice de TEM-116 (61). Pour les souches du groupe B, SHV-2a semble portée au sein d'un intégron par un plasmide non conjugatif ce qui a déjà été rapporté lors de sa première description (59). Notons également que les 4 techniques d'extraction plasmidique utilisées alors (36, 6, 41, 86) n'avaient pas pu mettre clairement en évidence de plasmide et que son existence n'avait pu être démontrée qu'après électroporation directe d'une préparation d'ADN plasmidique (59). Dans notre cas, il serait utile de réaliser une telle expérience afin de confirmer notre hypothèse et d'identifier les éventuels comarqueurs associés.

Epidémiologie des BLSE TEM-116 et SHV-2a au CHU de Rouen

L'origine et la période de l'émergence de l'enzyme TEM-116 au CHU de Rouen restent inconnues. Si la première souche porteuse de TEM-116 a été isolée en 2004, les souches ayant acquis TEM-116 ± SHV-2a ont été principalement isolées en 2006, notamment au cours du second semestre de l'année, évoquant une expansion importante de ce type de souches en 2006. Cependant, il faut souligner le biais induit par la sensibilisation du laboratoire à ces phénotypes de résistance particuliers, conduisant à une augmentation de leur mise en évidence. Il serait intéressant de rechercher la présence de TEM-116 chez les entérobactéries productrices de BLSE au CHU de Rouen, sachant que cette enzyme est retrouvée principalement chez ces bactéries (38, 39).

A l'intérieur d'un même groupe A, B ou C, les souches sont génétiquement reliées. Nous avons donc cherché à savoir si les patients porteurs des souches de ces groupes avaient des caractéristiques communes, notamment en termes de lieux et de dates de séjours hospitaliers. Concernant les 8 patients porteurs des souches du groupe A, il apparait qu'ils ont tous séjourné dans un des 2 secteurs d'urologie du CHU se croisant 2 à 2 au moins, et ont tous subi une intervention au bloc d'urologie en 2006. Ceci plaide en faveur d'une acquisition nosocomiale de ces souches chez ces patients.

Les 3 patients porteurs des souches du groupe C ont tous séjourné au Centre Henri Becquerel au premier semestre 2006 soit en consultation ambulatoire, soit en hospitalisation, où ils se sont croisés aux mêmes dates deux à deux : dans ces cas, on peut envisager une transmission via un(des) soignant(s). Notons également que la souche 23 très proche des souches de groupe C, est également issue d'un patient ayant séjourné au Centre Henri Becquerel à cette période. Pour les souches du groupe B (3, 7, 9, 11, 21), il est plus difficile d'établir un lien entre les patients porteurs (tableau 6). Le patient porteur de la souche 21 n'a pas d'autres antécédents d'hospitalisation au CHU de Rouen dans les 10 dernières années que celle de son hospitalisation en réanimation médicale à partir d'avril 2006, la souche 21 ayant été isolée en mai 2006. Il semble donc qu'il l'ait acquise en réanimation médicale. Ce patient a croisé à cette époque dans ce service le patient chez qui la souche 7 avait été isolée en décembre 2005, à la suite de séjours en réanimation médicale et en maladies infectieuses. On pourrait imaginer une transmission inter-patients à partir du patient 7 devenu porteur asymptomatique. Par ailleurs, les patients porteurs des souches 3 et 11 ont séjourné en réanimation chirurgicale, mais pas à la même période, ce qui ne permet pas d'envisager de transmission directe. Enfin, aucune information plus précise que de "très lourds antécédents médicaux" et des séjours au CHU de Rouen n'a pu être recueillie pour le patient porteur de la souche 9, isolée dans le secteur de réanimation du CHG d'Elbeuf.

Caractéristiques cliniques des patients porteurs des souches de *P. aeruginosa*

Comme ce qui est rapporté pour les infections à *P. aeruginosa* (10, 55, 56), les patients de notre étude sont toujours des patients nécessitant une lourde prise en charge médicale et ayant en général d'importants antécédents médicaux. En effet, 6 patients ont des antécédents de néoplasie de la sphère uro-génitale, 3 sont traités par corticothérapie et 2 sont des transplantés rénaux. Par ailleurs, chez 21 des 24 patients (87.5%), on retrouve une ou plusieurs cures d'antibiothérapie dans les 6 mois précédant l'isolement de la souche de *P. aeruginosa* étudiée. Dans 19 cas sur 21, les patients ont reçu une ou plusieurs β-lactamines: pénicillines pour 16 malades et/ou C3G pour 9 patients ce qui a pu favoriser la sélection des souches.

Dans la moitié des cas, l'isolement de la souche de *P. aeruginosa* s'accompagnait de signes cliniques, essentiellement urinaires (5 cas sur 12) et les patients étaient traités par antibiothérapie. Pour les souches 7 et 11, aucun signe clinique n'est décrit mais une cure d'antibiotiques "à visée épidémiologique" a été réalisée. Enfin, la souche 12 représente un cas particulier puisqu'elle a été isolée à partir d'un écouvillonnage rectal, constituant donc une souche de portage, mais chez une patiente ayant présenté une pyélonéphrite à *P. aeruginosa* multirésistant un mois auparavant, traitée par antibiothérapie.

Efficacité thérapeutique des antibiothérapies

On peut se demander si la présence de BLSE chez les souches de *P. aeruginosa* a une incidence dans la conduite thérapeutique, sachant que seulement 13 des 24 patients ont reçu un traitement antibiotique après l'isolement de leur souche exprimant TEM-116. Chez les patients traités, l'utilisation d'une bi-thérapie est systématique, associant en général ceftazidime ou carbapénème (imipénème ou méropénème) à d'autres familles d'antibiotiques : amikacine, fosfomycine, colistine ou ciprofloxacine. La colistine est souvent utilisée alors que la sensibilité de la souche n'est pas démontrée. En effet, les recommandations du CASFM pour cette molécule stipulent la nécessité d'effectuer la mesure de la CMI pour les souches de *P. aeruginosa* multirésistantes, soulignant l'absence de corrélation entre diamètre d'inhibition observé sur l'antibiogramme et CMI. A noter le cas du patient porteur de la souche 7, ne présentant aucun signe clinique et traité par colistine seule dans un but uniquement épidémiologique de type décontamination. Notons également que le traitement à base d'imipénème et d'amikacine apporté au patient porteur dans un PBDP en très faible puissance de la souche 21 (résistante à ces 2 molécules) a visé une souche associée non BLSE, présente en quantité significative et sensible à ces deux molécules. De plus, la bi-thérapie n'est pas toujours revue en fonction des données de l'antibiogramme : c'est le cas pour les patients porteurs des souches 2 (résistante à l'amikacine), 6 (résistante à l'imipénème), 8 (résistante à l'amikacine), 11 (résistante à la ciprofloxacine) et 24 (résistante à la colistine), qui se retrouvent donc en situation de monothérapie. Ces monothérapies s'avèrent inefficaces et en cas de contrôle bactériologique après traitement, il n'y a pas d'éradication de la souche de *P. aeruginosa* TEM-116. Il faut donc une bithérapie sur ces souches multirésistantes, comme recommandé (55).

Le problème posé par ces souches de *P. aeruginosa* réside donc dans le choix des molécules pour la bi-antibiothérapie et sur l'utilisation faite de la ceftazidime, plusieurs de ces souches ayant des CMI à la limite de la sensibilité pour cet antibiotique. Ainsi 5 de ces patients, porteurs des souches 5, 10, 14, 15, 17, ont reçu une bi-antibiothérapie utilisant la ceftazidime, associée à la fosfomycine ou à la colistine.

- Le patient ayant une infection urinaire avec la souche 10 a reçu ceftazidime + fosfomycine 7 jours, avec récidive de bactériurie à 3 mois.

- Le patient ayant une infection urinaire avec la souche 14 a reçu ceftazidime 16 jours + colistine 4 jours, avec récidives multiples de bactériurie.
- Le patient ayant une infection urinaire sur obstruction avec la souche 15 a reçu ceftazidime + colistine 11 jours et élimination d'un calcul, avec stérilisation de l'ECBU réalisé le lendemain de l'arrêt du traitement.
- Le patient ayant une hémoculture sur chambre implantable avec la souche 5 a reçu ceftazidime + colistine 8 jours puis 21 jours à deux reprises, avec récidives multiples.
- Le patient ayant une hémoculture sur chambre implantable avec la souche 17 a reçu ceftazidime + colistine 1 jour avant de décéder.

On voit donc que les cures d'antibiotiques ont été inefficaces dans 4 cas sur 5. De plus, dans le cas du patient porteur de la souche 15, la levée d'obstacle a probablement joué un rôle déterminant dans la disparition des signes urinaires. Ces observations ne sont donc pas en faveur de l'utilisation de la ceftazidime vis-à-vis de ces souches et l'échec de cette molécule est bien lié à la présence de TEM-116 capable de l'hydrolyser efficacement (38, 89).

L'alternative résiderait donc dans l'utilisation de l'imipénème ou du méropénème lorsque la souche n'y est pas résistante. Quatre patients, dont les souches apparaissaient toutes sensibles à la ceftazidime (souches 2, 5, 14, 16), ont bénéficié d'une bi-antibiothérapie utilisant imipénème ou méropénème :

- Le patient ayant une infection urinaire avec la souche 2 a reçu imipénème (sensibilité intermédiaire) + fosfomycine 8 jours puis ceftazidime 12 jours, avec ECBU négatif
- Le patient ayant une infection urinaire et abcès du greffon rénal avec la souche 14 a reçu imipénème + fosfomycine 15 jours puis 3 cures prolongées de méropénème + fosfomycine, avec stérilisation de l'ECBU, son traitement antérieur par ceftazidime 16 jours + colistine 4 jours ayant été inefficace.
- Le patient ayant une hémoculture sur chambre implantable avec la souche 5 a reçu méropénème + fosfomycine 8 jours, avec récidives urinaire et pulmonaire multiples.
- Le patient ayant une infection urinaire avec la souche 16 a reçu imipénème (sensibilité intermédiaire) + fosfomycine 15 jours, avec stérilisation de l'ECBU.

Il semble donc que l'utilisation de l'imipénème ou du méropénème en bi-thérapie et avec une durée suffisante soit plus efficace, même lorsque la souche n'est que de sensibilité intermédiaire à ces molécules. Par conséquent, l'utilisation d'un carbapénème sur ces souches paraît préférable à l'utilisation de la ceftazidime, même si les CMI de cette molécule sont à la limite de sensibilité.

CONCLUSION

Le travail présenté dans ce mémoire décrit pour la première fois chez une espèce bactérienne en France la BLSE TEM-116 chez 24 souches de *P. aeruginosa* et son association avec la BLSE SHV-2a pour 5 souches.

Les patients porteurs de ces souches présentent un ou plusieurs facteurs de risque reconnus d'infection à *P. aeruginosa* : antécédents médicaux importants, immunodépression, hospitalisation en service de soins intensifs, matériel étranger, chirurgie uro-digestive, mais également antibiothérapies dans les 6 derniers mois, essentiellement à base de β-lactamines, qui pourraient jouer un rôle dans l'acquisition de BLSE par ces souches. Notre étude épidémiologique montre de possibles acquisitions nosocomiales de ces souches productrices de BLSE dont le support génétique plasmidique pourrait expliquer leur large diffusion dans différents services hospitaliers.

Chez ces souches, TEM-116 et SHV-2a s'expriment souvent à bas niveau, ce qui rend leur détection phénotypique difficile, d'autant plus que cette expression peut être masquée par une hyperexpression de céphalosporinase associée. Ce travail propose donc un arbre décisionnel pour leur mise en évidence chez des souches de *P. aeruginosa* de sensibilité diminuée à la ceftazidime et/ou au céfépime. De plus, nous avons montré que leur détection microbiologique était nécessaire puisque leur présence semble être responsable d'échecs thérapeutiques. Pour traiter les souches ayant acquis ces BLSE, l'utilisation de l'imipénème ou du méropénème plutôt que la ceftazidime est indispensable. En cas d'insensibilité à ces carbapénèmes, on peut proposer de tester les sensibilités des molécules de recours que sont la colistine et la fosfomycine. Si, pour être efficaces, les traitements apportés doivent être des bithérapies dans la mesure du possible, on voit que ces souches fréquemment résistantes aux aminosides et aux fluoroquinolones, posent des problèmes thérapeutiques importants.

BIBLIOGRAPHIE

1. **Ambler, R. P. 1980.** The structure of beta-lactamases. **Philos Trans R Soc Lond B Biol Sci 289:321-31.**
2. **Aubert, D., D. Girlich, T. Naas, S. Nagarajan, and P. Nordmann. 2004.** Functional and structural characterization of the genetic environment of an extended-spectrum beta-lactamase blaVEB gene from a Pseudomonas aeruginosa isolate obtained in India. **Antimicrob Agents Chemother 48:3284-90.**
3. **Aubert, D., L. Poirel, A. B. Ali, F. W. Goldstein, and P. Nordmann. 2001.** OXA-35 is an OXA-10-related beta-lactamase from Pseudomonas aeruginosa. **J Antimicrob Chemother 48:717-21.**
4. **Aubert, D., L. Poirel, J. Chevalier, S. Leotard, J. M. Pages, and P. Nordmann. 2001.** Oxacillinase-mediated resistance to cefepime and susceptibility to ceftazidime in Pseudomonas aeruginosa. **Antimicrob Agents Chemother 45:1615-20.**
5. **Aubron, C., L. Poirel, N. Fortineau, P. Nicolas, L. Collet, and P. Nordmann. 2005.** Nosocomial spread of Pseudomonas aeruginosa isolates expressing the metallo-beta-lactamase VIM-2 in a hematology unit of a French hospital. **Microb Drug Resist 11:254-9.**
6. **Bennett, P. M., J. Heritage, and P. M. Hawkey. 1986.** An ultra-rapid method for the study of antibiotic resistance plasmids. **J Antimicrob Chemother 18:421-4.**
7. **Bert, F., C. Branger, and N. Lambert-Zechovsky. 2002.** Identification of PSE and OXA beta-lactamase genes in Pseudomonas aeruginosa using PCR-restriction fragment length polymorphism. **J Antimicrob Chemother 50:11-8.**
8. **Bert, F., E. Maubec, B. Bruneau, P. Berry, and N. Lambert-Zechovsky. 1998.** Multi-resistant Pseudomonas aeruginosa outbreak associated with contaminated tap water in a neurosurgery intensive care unit. **J Hosp Infect 39:53-62.**
9. **Bert, F., Z. Ould-Hocine, M. Juvin, V. Dubois, V. Loncle-Provot, V. Lefranc, C. Quentin, N. Lambert, and G. Arlet. 2003.** Evaluation of the Osiris expert system for identification of β-lactam phenotypes in isolates of Pseudomonas aeruginosa. **J Clin Microbiol 41:3712-18.**
10. **Berthelot, P., F. Grattard, F. O. Mallaval, A. Ros, F. Lucht, and B. Pozzetto. 2005.** [Epidemiology of nosocomial infections due to Pseudomonas aeruginosa, Burkholderia cepacia and Stenotrophomonas maltophilia]. **Pathol Biol (Paris) 53:341-8.**
11. **Birnboim, H. C., and J. Doly. 1979.** A rapid alkaline extraction procedure for screening recombinant plasmid DNA. **Nucleic Acids Res 7:1513-23.**
12. **Bonomo, R. A., and D. Szabo. 2006.** Mechanisms of multidrug resistance in Acinetobacter species and Pseudomonas aeruginosa. **Clin Infect Dis 43 Suppl 2:S49-56.**
13. **Bou, G., A. Oliver, and J. Martinez-Beltran. 2000.** OXA-24, a novel class D beta-lactamase with carbapenemase activity in an Acinetobacter baumannii clinical strain. **Antimicrob Agents Chemother 44:1556-61.**
14. **Bush, K., C. Macalintal, B. A. Rasmussen, V. J. Lee, and Y. Yang. 1993.** Kinetic interactions of tazobactam with beta-lactamases from all major structural classes. **Antimicrob Agents Chemother 37:851-8.**
15. **Cao, V., T. Lambert, D. Q. Nhu, H. K. Loan, N. K. Hoang, G. Arlet, and P. Courvalin. 2002.** Distribution of extended-spectrum beta-lactamases in clinical

isolates of Enterobacteriaceae in Vietnam. **Antimicrob Agents Chemother 46:3739-43.**

16. **Cavallo, J. D., D. Hocquet, P. Plesiat, R. Fabre, and M. Roussel-Delvallez. 2007.** Susceptibility of Pseudomonas aeruginosa to antimicrobials: a 2004 French multicentre hospital study. **J Antimicrob Chemother 59:1021-4.**

17. **Chastre, J., and J. Y. Fagon. 2002.** Ventilator-associated pneumonia. **Am J Respir Crit Care Med 165:867-903.**

18. **Corona-Nakamura, A. L., M. G. Miranda-Novales, B. Leanos-Miranda, L. Portillo-Gomez, A. Hernandez-Chavez, J. Anthor-Rendon, and S. Aguilar-Benavides. 2001.** Epidemiologic Study of Pseudomonas aeruginosa in critical patients and reservoirs. **Arch Med Res 32:238-42.**

19. **Costerton, J. W., Z. Lewandowski, D. E. Caldwell, D. R. Korber, and H. M. Lappin-Scott. 1995.** Microbial biofilms. **Annu Rev Microbiol 49:711-45.**

20. **Courvalin, P., R. Leclercq, and E. Bingen (ed.). 2006.** Antibiogramme, chapitre 16 : Bêta-lactamines et *Pseudomonas aeruginosa*, **2ème ed. ESKA, Paris.**

21. **Courvalin, P., R. Leclercq, and E. Bingen (ed.). 2006.** Antibiogramme, chapitre 21 : Quinolones et bactéries à Gram négatif, **2ème ed. ESKA, Paris.**

22. **Cullmann, W. 1990.** Interaction of beta-lactamase inhibitors with various beta-lactamases. **Chemotherapy 36:200-8.**

23. **Danel, F., L. M. Hall, B. Duke, D. Gur, and D. M. Livermore. 1999.** OXA-17, a further extended-spectrum variant of OXA-10 beta-lactamase, isolated from Pseudomonas aeruginosa. **Antimicrob Agents Chemother 43:1362-6.**

24. **Danel, F., L. M. Hall, D. Gur, and D. M. Livermore. 1995.** OXA-14, another extended-spectrum variant of OXA-10 (PSE-2) beta-lactamase from Pseudomonas aeruginosa. **Antimicrob Agents Chemother 39:1881-4.**

25. **Danel, F., L. M. Hall, D. Gur, and D. M. Livermore. 1997.** OXA-15, an extended-spectrum variant of OXA-2 beta-lactamase, isolated from a Pseudomonas aeruginosa strain. **Antimicrob Agents Chemother 41:785-90.**

26. **Danel, F., L. M. Hall, D. Gur, and D. M. Livermore. 1998.** OXA-16, a further extended-spectrum variant of OXA-10 beta-lactamase, from two Pseudomonas aeruginosa isolates. **Antimicrob Agents Chemother 42:3117-22.**

27. **De Champs, C., L. Poirel, R. Bonnet, D. Sirot, C. Chanal, J. Sirot, and P. Nordmann. 2002.** Prospective survey of beta-lactamases produced by ceftazidime-resistant Pseudomonas aeruginosa isolated in a French hospital in 2000. **Antimicrob Agents Chemother 46:3031-4.**

28. **Donald, H. M., W. Scaife, S. G. Amyes, and H. K. Young. 2000.** Sequence analysis of ARI-1, a novel OXA beta-lactamase, responsible for imipenem resistance in Acinetobacter baumannii 6B92. **Antimicrob Agents Chemother 44:196-9.**

29. **Ferroni, A., L. Nguyen, B. Pron, G. Quesne, M. C. Brusset, and P. Berche. 1998.** Outbreak of nosocomial urinary tract infections due to Pseudomonas aeruginosa in a paediatric surgical unit associated with tap-water contamination. **J Hosp Infect 39:301-7.**

30. **Girlich, D., T. Naas, A. Leelaporn, L. Poirel, M. Fennewald, and P. Nordmann. 2002.** Nosocomial spread of the integron-located veb-1-like cassette encoding an extended-pectrum beta-lactamase in Pseudomonas aeruginosa in Thailand. **Clin Infect Dis 34:603-11.**

31. **Girlich, D., T. Naas, and P. Nordmann. 2004.** Biochemical characterization of the naturally occurring oxacillinase OXA-50 of Pseudomonas aeruginosa. **Antimicrob Agents Chemother 48:2043-8.**

32. Godfrey, A. J., L. E. Bryan, and H. R. Rabin. 1981. beta-Lactam-resistant Pseudomonas aeruginosa with modified penicillin-binding proteins emerging during cystic fibrosis treatment. **Antimicrob Agents Chemother 19:705-11.**
33. Gotoh, N., K. Nunomura, and T. Nishino. 1990. Resistance of Pseudomonas aeruginosa to cefsulodin: modification of penicillin-binding protein 3 and mapping of its chromosomal gene. **J Antimicrob Chemother 25:513-23.**
34. **Hall, L. M., D. M. Livermore, D. Gur, M. Akova, and H. E. Akalin. 1993.** OXA-11, an extended-spectrum variant of OXA-10 (PSE-2) beta-lactamase from Pseudomonas aeruginosa. **Antimicrob Agents Chemother 37:1637-44.**
35. **Hamasuna, R., H. Betsunoh, T. Sueyoshi, K. Yakushiji, H. Tsukino, M. Nagano, T. Takehara, and Y. Osada. 2004.** Bacteria of preoperative urinary tract infections contaminate the surgical fields and develop surgical site infections in urological operations. **Int J Urol 11:941-7.**
36. Hansen, J. B., and R. H. Olsen. 1978. Isolation of large bacterial plasmids and characterization of the P2 incompatibility group plasmids pMG1 and pMG5. **J Bacteriol 135:227-38.**
37. Hocquet, D., P. Nordmann, F. El Garch, L. Cabanne, and P. Plesiat. 2006. Involvement of the MexXY-OprM efflux system in emergence of cefepime resistance in clinical strains of Pseudomonas aeruginosa. **Antimicrob Agents Chemother 50:1347-51.**
38. Jeong, S. H., I. K. Bae, J. H. Lee, S. G. Sohn, G. H. Kang, G. J. Jeon, Y. H. Kim, B. C. Jeong, and S. H. Lee. 2004. Molecular characterization of extended-spectrum beta-lactamases produced by clinical isolates of Klebsiella pneumoniae and Escherichia coli from a Korean nationwide survey. **J Clin Microbiol 42:2902-6.**
39. Jiang, X., Z. Zhang, M. Li, D. Zhou, F. Ruan, and Y. Lu. 2006. Detection of extended-spectrum beta-lactamases in clinical isolates of Pseudomonas aeruginosa. **Antimicrob Agents Chemother 50:2990-5.**
40. Joris, B., P. Ledent, O. Dideberg, E. Fonze, J. Lamotte-Brasseur, J. A. Kelly, J. M. Ghuysen, and J. M. Frere. 1991. Comparison of the sequences of class A beta-lactamases and of the secondary structure elements of penicillin-recognizing proteins. **Antimicrob Agents Chemother 35:2294-301.**
41. Kado, C. I., and S. T. Liu. 1981. Rapid procedure for detection and isolation of large and small plasmids. **J Bacteriol 145:1365-73.**
42. Kipnis, E., T. Sawa, and J. Wiener-Kronish. 2006. Targeting mechanisms of Pseudomonas aeruginosa pathogenesis. **Med Mal Infect 36:78-91.**
43. Korfmann, G., C. C. Sanders, and E. S. Moland. 1991. Altered phenotypes associated with ampD mutations in Enterobacter cloacae. **Antimicrob Agents Chemother 35:358-64.**
44. Lee, S., Y. J. Park, M. Kim, H. K. Lee, K. Han, C. S. Kang, and M. W. Kang. 2005. Prevalence of Ambler class A and D beta-lactamases among clinical isolates of Pseudomonas aeruginosa in Korea. **J Antimicrob Chemother 56:122-7.**
45. Leotard, S., L. Poirel, P. E. Leblanc, and P. Nordmann. 2001. In vivo selection of oxacillinase-mediated ceftazidime resistance in Pseudomonas aeruginosa. **Microb Drug Resist 7:273-5.**
46. Li, X. Z., D. Ma, D. M. Livermore, and H. Nikaido. 1994. Role of efflux pump(s) in intrinsic resistance of Pseudomonas aeruginosa: active efflux as a contributing factor to beta-lactam resistance. **Antimicrob Agents Chemother 38:1742-52.**
47. Li, X. Z., H. Nikaido, and K. Poole. 1995. Role of mexA-mexB-oprM in antibiotic efflux in Pseudomonas aeruginosa. **Antimicrob Agents Chemother 39:1948-53.**

48. Lindberg, F., S. Lindquist, and S. Normark. 1987. Inactivation of the ampD gene causes semiconstitutive overproduction of the inducible Citrobacter freundii beta-lactamase. **J Bacteriol 169:1923-8.**
49. Livermore, D. M. 2002. Multiple mechanisms of antimicrobial resistance in Pseudomonas aeruginosa: our worst nightmare? **Clin Infect Dis 34:634-40.**
50. Livermore, D. M., and D. F. Brown. 2001. Detection of beta-lactamase-mediated resistance. **J Antimicrob Chemother 48 Suppl 1:59-64.**
51. Lodge, J. M., S. D. Minchin, L. J. Piddock, and J. W. Busby. 1990. Cloning, sequencing and analysis of the structural gene and regulatory region of the Pseudomonas aeruginosa chromosomal ampC beta-lactamase. **Biochem J 272:627-31.**
52. Mahenthiralingam, E., M. E. Campbell, J. Foster, J. S. Lam, and D. P. Speert. 1996. Random amplified polymorphic DNA typing of Pseudomonas aeruginosa isolates recovered from patients with cystic fibrosis. **J Clin Microbiol 34:1129-35.**
53. Marumo, K., A. Takeda, Y. Nakamura, and K. Nakaya. 1999. Detection of OXA-4 beta-lactamase in Pseudomonas aeruginosa isolates by genetic methods. **J Antimicrob Chemother 43:187-93.**
54. Maschmeyer, G., and I. Braveny. 2000. Review of the incidence and prognosis of Pseudomonas aeruginosa infections in cancer patients in the 1990s. **Eur J Clin Microbiol Infect Dis 19:915-25.**
55. Mesaros, N., P. Nordmann, P. Plesiat, M. Roussel-Delvallez, J. Van Eldere, Y. Glupczynski, Y. Van Laethem, F. Jacobs, P. Lebecque, A. Malfroot, P. M. Tulkens, and F. Van Bambeke. 2007. Pseudomonas aeruginosa: resistance and therapeutic options at the turn of the new millennium. **Clin Microbiol Infect 13:560-78.**
56. Morrison, A. J., Jr., and R. P. Wenzel. 1984. Epidemiology of infections due to Pseudomonas aeruginosa. **Rev Infect Dis 6 Suppl 3:S627-42.**
57. Mugnier, P., I. Casin, A. T. Bouthors, and E. Collatz. 1998. Novel OXA-10-derived extended-spectrum beta-lactamases selected in vivo or in vitro. **Antimicrob Agents Chemother 42:3113-6.**
58. Naas, T., and P. Nordmann. 1999. OXA-type beta-lactamases. **Curr Pharm Des 5:865-79.**
59. Naas, T., L. Philippon, L. Poirel, E. Ronco, and P. Nordmann. 1999. An SHV-derived extended-spectrum beta-lactamase in Pseudomonas aeruginosa. **Antimicrob Agents Chemother 43:1281-4.**
60. Naas, T., W. Sougakoff, A. Casetta, and P. Nordmann. 1998. Molecular characterization of OXA-20, a novel class D beta-lactamase, and its integron from Pseudomonas aeruginosa. **Antimicrob Agents Chemother 42:2074-83.**
61. Naiemi, N., B. Duim, P. HM Savelkoul, L. Spanjaard, E. de Jonge, A. Bart, C. M Vandenbroucke-Grauls, and M. de Jong. 2005. Widespread transfer of resistance genes between bacterial species in an intensive care unit: implications for hospital epidemiology. **J Clin Microbiol 43:4862-64.**
62. Nivens, D. E., D. E. Ohman, J. Williams, and M. J. Franklin. 2001. Role of alginate and its O acetylation in formation of Pseudomonas aeruginosa microcolonies and biofilms. **J Bacteriol 183:1047-57.**
63. Nordmann, P. 2003. [Mechanisms of resistance to betalactam antibiotics in Pseudomonas aeruginosa]. **Ann Fr Anesth Reanim 22:527-30.**
64. Nordmann, P., and M. Guibert. 1998. Extended-spectrum beta-lactamases in Pseudomonas aeruginosa. **J Antimicrob Chemother 42:128-31.**

65. Nordmann, P., E. Ronco, T. Naas, C. Duport, Y. Michel-Briand, and R. Labia. 1993. Characterization of a novel extended-spectrum beta-lactamase from Pseudomonas aeruginosa. **Antimicrob Agents Chemother 37:962-9.**
66. Paterson, D. L., and R. A. Bonomo. 2005. Extended-spectrum beta-lactamases: a clinical update. **Clin Microbiol Rev 18:657-86.**
67. Philippon, A., and G. Arlet. 2006. [Beta-lactamases of Gram negative bacteria: never-ending clockwork!]. **Ann Biol Clin (Paris) 64:37-51.**
68. Philippon, A., R. Labia, and G. Jacoby. 1989. Extended-spectrum beta-lactamases. **Antimicrob Agents Chemother 33:1131-6.**
69. Philippon, L. N., T. Naas, A. T. Bouthors, V. Barakett, and P. Nordmann. 1997. OXA-18, a class D clavulanic acid-inhibited extended-spectrum beta-lactamase from Pseudomonas aeruginosa. **Antimicrob Agents Chemother 41:2188-95.**
70. Poirel, L., L. Brinas, A. Verlinde, L. Ide, and P. Nordmann. 2005. BEL-1, a novel clavulanic acid-inhibited extended-spectrum beta-lactamase, and the class 1 integron In120 in Pseudomonas aeruginosa. **Antimicrob Agents Chemother 49:3743-8.**
71. Poirel, L., P. Gerome, C. De Champs, J. Stephanazzi, T. Naas, and P. Nordmann. 2002. Integron-located oxa-32 gene cassette encoding an extended-spectrum variant of OXA-2 beta-lactamase from Pseudomonas aeruginosa. **Antimicrob Agents Chemother 46:566-9.**
72. Poirel, L., D. Girlich, T. Naas, and P. Nordmann. 2001. OXA-28, an extended-spectrum variant of OXA-10 beta-lactamase from Pseudomonas aeruginosa and its plasmid- and integron-located gene. **Antimicrob Agents Chemother 45:447-53.**
73. Poirel, L., and P. Nordmann. 2002. Acquired carbapenem-hydrolyzing beta-lactamases and their genetic support. **Curr Pharm Biotechnol 3:117-27.**
74. Poole, K. 2005. Aminoglycoside resistance in Pseudomonas aeruginosa. **Antimicrob Agents Chemother 49:479-87.**
75. Poole, K. 2004. Efflux-mediated multiresistance in Gram-negative bacteria. **Clin Microbiol Infect 10:12-26.**
76. Poole, K., N. Gotoh, H. Tsujimoto, Q. Zhao, A. Wada, T. Yamasaki, S. Neshat, J. Yamagishi, X. Z. Li, and T. Nishino. 1996. Overexpression of the mexC-mexD-oprJ efflux operon in nfxB-type multidrug-resistant strains of Pseudomonas aeruginosa. **Mol Microbiol 21:713-24.**
77. Poole, K., K. Tetro, Q. Zhao, S. Neshat, D. E. Heinrichs, and N. Bianco. 1996. Expression of the multidrug resistance operon mexA-mexB-oprM in Pseudomonas aeruginosa: mexR encodes a regulator of operon expression. **Antimicrob Agents Chemother 40:2021-8.**
78. Quinn, J. P., E. J. Dudek, C. A. DiVincenzo, D. A. Lucks, and S. A. Lerner. 1986. Emergence of resistance to imipenem during therapy for Pseudomonas aeruginosa infections. **J Infect Dis 154:289-94.**
79. Rello, J., M. Rue, P. Jubert, G. Muses, R. Sonora, J. Valles, and M. S. Niederman. 1997. Survival in patients with nosocomial pneumonia: impact of the severity of illness and the etiologic agent. **Crit Care Med 25:1862-7.**
80. Renders, N., U. Romling, A. Verbrugh, and A. Van Belkum. 1996. Comparative Typing of *Pseudomonas aeruginosa* by Random Amplification of Polymorphic DNA or Pulsed-Field Gel Electrophoresis of DNA Macrorestriction Fragments. **J Clin Microbiol 34:3190-95.**
81. Romero, E. D., T. P. Padilla, A. H. Hernandez, R. P. Grande, M. F. Vazquez, I. G. Garcia, J. A. Garcia-Rodriguez, and J. L. Munoz Bellido. 2007. Prevalence of clinical isolates of Escherichia coli and Klebsiella spp. producing multiple extended-spectrum beta-lactamases. **Diagn Microbiol Infect Dis 59:433-7.**

82. Rossolini, G. M., and E. Mantengoli. 2005. Treatment and control of severe infections caused by multiresistant Pseudomonas aeruginosa. **Clin Microbiol Infect 11 Suppl 4:17-32.**
83. Sanschagrin, F., F. Couture, and R. C. Levesque. 1995. Primary structure of OXA-3 and phylogeny of oxacillin-hydrolyzing class D beta-lactamases. **Antimicrob Agents Chemother 39:887-93.**
84. Satake, S., H. Yoneyama, and T. Nakae. 1991. Role of OmpD2 and chromosomal beta-lactamase in carbapenem resistance in clinical isolates of Pseudomonas aeruginosa. **J Antimicrob Chemother 28:199-207.**
85. Sirot, D. 1995. Extended-spectrum plasmid-mediated beta-lactamases. **J Antimicrob Chemother 36 Suppl A:19-34.**
86. Takahashi, S., and Y. Nagano. 1984. Rapid procedure for isolation of plasmid DNA and application to epidemiological analysis. **J Clin Microbiol 20:608-13.**
87. Toleman, M. A., K. Rolston, R. N. Jones, and T. R. Walsh. 2003. Molecular and biochemical characterization of OXA-45, an extended-spectrum class 2d' beta-lactamase in Pseudomonas aeruginosa. **Antimicrob Agents Chemother 47:2859-63.**
88. Trias, J., and H. Nikaido. 1990. Outer membrane protein D2 catalyzes facilitated diffusion of carbapenems and penems through the outer membrane of Pseudomonas aeruginosa. **Antimicrob Agents Chemother 34:52-7.**
89. Vignoli, R., G. Varela, M. I. Mota, N. F. Cordeiro, P. Power, E. Ingold, P. Gadea, A. Sirok, F. Schelotto, J. A. Ayala, and G. Gutkind. 2005. Enteropathogenic Escherichia coli strains carrying genes encoding the PER-2 and TEM-116 extended-spectrum beta-lactamases isolated from children with diarrhea in Uruguay. **J Clin Microbiol 43:2940-3.**
90. Walther-Rasmussen, J., and N. Hoiby. 2006. OXA-type carbapenemases. **J Antimicrob Chemother 57:373-83.**
91. Watanabe, M., S. Iyobe, M. Inoue, and S. Mitsuhashi. 1991. Transferable imipenem resistance in Pseudomonas aeruginosa. **Antimicrob Agents Chemother 35:147-51.**
92. Weldhagen, G. F., L. Poirel, and P. Nordmann. 2003. Ambler class A extended-spectrum beta-lactamases in Pseudomonas aeruginosa: novel developments and clinical impact. **Antimicrob Agents Chemother 47:2385-92.**
93. Yan, J. J., S. H. Tsai, C. L. Chuang, and J. J. Wu. 2006. OXA-type beta-lactamases among extended-spectrum cephalosporin-resistant Pseudomonas aeruginosa isolates in a university hospital in southern Taiwan. **J Microbiol Immunol Infect 39:130-4.**
94. Zhou, X. Y., Kitzis, M. D. and Gutmann, L. 1993 Role of cephalosporinase in carbapenem resistance of clinical isolates of Pseudomonas aeruginosa. **Antimicrob Agents Chemother 37:1387-9**

yes
Oui, je veux morebooks!
i want morebooks!

Buy your books fast and straightforward online - at one of the world's fastest growing online book stores! Environmentally sound due to Print-on-Demand technologies.

Buy your books online at
www.get-morebooks.com

Achetez vos livres en ligne, vite et bien, sur l'une des librairies en ligne les plus performantes au monde!
En protégeant nos ressources et notre environnement grâce à l'impression à la demande.

La librairie en ligne pour acheter plus vite
www.morebooks.fr

OmniScriptum Marketing DEU GmbH
Heinrich-Böcking-Str. 6-8
D - 66121 Saarbrücken
Telefax: +49 681 93 81 567-9

info@omniscriptum.de
www.omniscriptum.de

Printed by Books on Demand GmbH, Norderstedt / Germany